福建省住房和城乡建设厅 主编

福建传统建筑系列丛书

屏南传统建筑

PINGNAN TRADITIONAL ARCHITECTURE

黄汉民 范文昀 张峥嵘 著

降龙村 黄汉民 绘

海峡出版发行集团
THE STRAITS PUBLISHING & DISTRIBUTING GROUP | 福建科学技术出版社
FUJIAN SCIENCE & TECHNOLOGY PUBLISHING HOUSE

作者简介

ABOUT THE AUTHOR

黄汉民，福建福州人，1943年11月生。1967年清华大学建筑学专业毕业，1982年获清华大学工学硕士学位。1982年至今在福建省建筑设计研究院工作。中国民居建筑大师，福建省勘察设计大师。现任福建省建筑设计研究院有限公司顾问总建筑师。

曾任中国建筑学会常务理事，生土建筑分会副理事长，福建省建筑师分会会长，福建省建筑设计研究院院长、首席总建筑师，华侨大学、福州大学建筑学院兼职教授。

主要建筑设计作品获奖情况：福州西湖"古堞斜阳"、福建画院、福建省图书馆、福建会堂等，荣获福建省优秀建筑设计一等奖；中国闽台缘博物馆，荣获中国建筑学会新中国成立60周年建筑创作大奖。

出版专著《福建传统民居》、《福建土楼——中国传统民居的瑰宝》、《客家土楼民居》、《福建土楼建筑》、《门窗艺术》、《福清传统建筑》（合著）、《尤溪传统建筑》（合著）、《南靖传统建筑》（合著）。主编《中国民族建筑（福建卷）》、《福建传统民居类型全集》。

范文昀，陕西咸阳关中人，1979年5月生。建筑设计师，南京大学建筑学博士，2014年创办坊·间建筑设计机构，与各大设计院合作过多个国家级规划设计项目。主创项目：福建三明万寿岩国家级考古遗址公园三钢厂房改造利用工程（2015）；福建平潭北港村活化利用（2017）；福建平潭猫头墘村活化利用（2018）；福建屏南厦地村（2014）、平潭东美村（2015）、屏南里汾溪村（2020）中国传统村落保护与发展规划。出版专著《平潭石头厝》（合著）、《福清传统建筑》（合著）、《尤溪传统建筑》（合著）、《南靖传统建筑》（合著）。发表学术论文《从"园冶"中看到的文脉与建筑营造》（2014，《建筑师》杂志）、《"我"眼中的王澍》（2013，《建筑师》杂志）、《不仅仅作为一种建造》（2011，《建筑师》杂志）、《解体认知"园冶"》（2013，《新建筑》杂志）、《砖·石·词语之间》（2012，《新建筑》杂志）、《天然石材的历史性言说片断》（2010，《新建筑》杂志）等。

张峥嵘，1967年5月出生，毕业于福建水利电力学校。中国摄影家协会会员，现任屏南县社科联主席，曾任宁德市摄影家协会副主席、屏南县摄影家协会主席。多年来致力于传统村落保护利用工作，是屏南县传统村落文化创意产业项目的参与者、见证者和推动者。完成《屏南降龙村摩尼文化新发现》、《新经济时代以文创推进乡村振兴的屏南实践与思考》、《文创推进乡村振兴"屏南模式"的研究——兼以屏南县龙潭村为例》、《文创助力乡村振兴机制研究——以屏南县为例》等社科课题；《文创激活古村——福建屏南模式的探索与实践》调研论文入选第22届中国民居学术年会论文集。主持完成屏南县厦地、降龙、前洋、前塘等村的中国传统村落申报工作。

序

潘 征

福建福州人，厦门大学哲学系毕业，历任中共福建省委党校教师、福建省政府副秘书长、福建省委副秘书长、政策研究室主任、办公厅主任、福建省人大常委会副主任。现任福建省乡村振兴研究会会长。

这些年，我记不清楚自己到底到过屏南多少次，每次去，我都会因那里的传统建筑而流连忘返，散落于屏南乡间的那些传统建筑，成了我永远看不够、待不腻的诗和远方。因此，当我细细品味着黄汉民先生和他学生所著的《屏南传统建筑》样书时，我便被书中丰富又独具特色的传统建筑画卷再次深深吸引并陶醉。

《屏南传统建筑》的可贵之处在于，它是田野调查和学理分析相结合的产物。黄汉民先生等不辞辛劳到实地考察，又从地理、经济、历史、文化、技艺等多维度对传统建筑进行深入研究，带着我们与古人对话，结合当下建筑文化传承创新提出启发性意见，让大家充分感受和认识屏南传统建筑中的农耕文化内涵之美、生产生活智慧之美、传统文化艺术结晶之美、地域建筑特色之美。我们完全可以从这本书中领略到屏南传统建筑透出的屏南历史、屏南文化、屏南魅力、屏南风景、屏南味道。

习近平总书记当年在《福州古厝》序中指出，古建筑是科技文化知识与艺术的结合体，古建筑也是历史载体。保护好古建筑、保护好文物就是保存历史，保存城市的文脉，保存历史文化名城无数的优良传统。中国传统建筑源远流长，被作为一种凝固的艺术与文化载体保留至今，需要我们一起以珍爱之心、尊崇之心去传承，去呵护。《屏南传统建筑》一书，为我们更好地了解和认识这些传统建筑提供了一份活档案，同时也告诉我们，对于传统建筑，都应当有一种高度的自觉和自信，看到遍布青山绿水之间的传统建筑的价值，看到传统建筑文化传承的重要意义，从而保护好传统建筑的一砖一瓦。

民族要复兴，乡村必振兴。保护传统村落古建筑，传承乡村文脉，是乡村振兴的应有之义。从《屏南传统建筑》看出，屏南传统建筑得到了很好的保护和活化利用，这是很可喜的一件事。近些年来，屏南创新农村小型项目管理机制，组建以传统工匠为主的古建筑修缮队伍，创新老屋流转机制，推进老屋活化利用，走出了一条探索解决传统村落古建筑保护与利用的新路子。我们要学习借鉴屏南保护利用传统建筑的宝贵经验，在乡村振兴中始终坚持保护与利用相统一，不搞大拆大建，不搞千村一面，把乡村传统建筑、传统文化、传统习俗、传统风土人情等保留住、传下来，让美丽乡村留下记忆，让人们记住乡愁，让传统建筑焕发新的活力。

黄汉民先生是中国民居建筑大师，在传统建筑传承利用领域有很深造诣，对福建省传统建筑保护传承作出了重要贡献。目前他虽然已八十高龄还带领团队踏遍八闽大地，编著传统建筑系列丛书，令人钦佩。中国有个成语叫择善而从，黄汉民先生深厚的传统建筑研究底蕴、严谨的治学精神和对传统建筑保护利用事业的执着，很值得我们学习。

相信读者通过《屏南传统建筑》一书会更加喜欢屏南，会更加迷恋那里的一山一水，一草一木，一村一宅。

写此小文，权作序言。

潘征

2022 年 7 月

目录

录

CONTENTS

概述 / 008

上篇 传统建筑实例

目
录

CONTENTS

概
述

SUMMARY

风起于青萍之末。屏南建县相对较晚（雍正十二年，1734 年），至今 280 多年，但早有人居环境的经营，甚至有上千年汉人古村落的家族史（如漈头村）。当人口增长达到一定的规模，行政管理便应运而生，于是"析古田县屏山之南建为县治"（民国版《屏南县志》）。"康乾盛世"是我国近古最后一波、在各个方面稳定增长的时期，特别是商业经济，而人口随着经济的发展得到爆发。在古代，福建丘陵地带是北方汉人移民拓荒的"理想国"，这里有山有水就有生存的可能。在福建汉人移民史里可观察到，战乱时期举家搬迁躲避或投靠，和平时期各支脉从容开荒拓展族群聚落。屏南早期属古田县最偏远地带，处于鞭长莫及的半自治状态，还时不时滋生匪患。如今屏南蔚为壮观的全域生态型聚落就是这样从无到有形成的。

"小国寡民""鸡犬之声相闻，民至老死不相往来"的"理想国"，在福建丘陵地带中，很容易找到这类物理空间，特别是在鹫峰山脉福建省平均海拔最高的屏南县域。在古代，"县处偏隔"（民国版《屏南县志》）的屏南是典型的山地农耕县域。这种似乎静态的人居时空局面，只有现代化的外力才能打破其"一以贯之"的状态。这种静态局面并不意味着僵化，而是一种早熟的不受动摇的文化自守。古时候，人们用脚步丈量山水，各级古道如同当下公路网络，同样四通八达。屏南古驿道顺着古田溪与霍童溪两大水系生成对外交通干线，形成险峻的岭道。人们运用智慧，建造了成百上千座廊桥，廊桥或沟通溪流聚落，或横跨沟涧深壑，维系着各个聚落的日常互动。

作为聚落的主体建筑，屏南夯土民居或在山谷集聚，或在临溪小盆地营造，或在山巅坡地散落，自成一体。由于耕地极少，山林居多，住房用地需节约使用，使得屏南民居的建筑模式始终保持小三合院单元的成熟型制，以适应复杂多变的山地空间，而这种小单元化的建筑型制总能维系在古老的里坊制空间管制里。屏南地处偏远闽东北高山之上，很自然地沿袭北方的土木人居文化，从古城长安的里坊格局，到自成一体的闽地聚落，里坊制一以贯之地如化石般嵌入屏南传统聚落的生活空间。这种空间的营造，同时使用着北方古老的桢榦夯土工艺与精湛的木构构造手艺。

以三合院土木建筑为载体，当代屏南在古村落的活化利用方面已开拓出一条可能的方向：超越空间界域的新生活方式已然成形。在如今急促发展的千年变局中，这种空间与技艺文化可否再次安顿人生，以此为起点，从而建构全新的华夏人居哲学，我们拭目以待，毕竟屏南是用这种模式进行乡村振兴进程的第一个吃螃蟹者。

鹫峰山巅的山水生活卷轴

顺着古田溪逆流而上，再沿着长桥溪入鹫峰山岭腹地进入屏南，这是屏南的西南门户。从宁德往上逆行，顺着自成体系的霍童溪（上游汇聚黛溪、金造溪、白玉溪及棠口溪），从向海的东南门户（忠洋村）可上山到屏南，往北衔接政和地域的洞宫山。这里山岭绵延不绝，鹫峰山脉成为闽中东北方的山岭屏障，在古代，人迹罕至，唯有秃鹫盘旋高空俯视人间。

无限风光在险峰，虽路途遥远，地势落差大，但这里的山林资源异常丰富，北方汉人一旦落地繁衍，北方的土木技艺容易在这里生根，建立起兴盛一邑的长久生活秩序。屏南县东南有近千年的古村忠洋村，西南有六百多年的古村长桥村，在屏南腹地背靠屏山之南的有双溪古镇，不远处有千年古村漈头。这些交通要道上的古村聚落不但水路发达，陆路也便利，农耕与商业并重，成为屏南山地人居聚落的重要节点，率先发展起来。随着人口规模的不断增长，寸土寸金、相对便利之地显然不够容纳人们的居住，于是卜居美穴之地时常提到议事日程。屏南山高，溪流众多，人们总能在清澈源头附近找到安身立命之地，有的甚至落到了高山陡坡险要之地，如寿山乡的白凌村山地聚落。

在"康乾盛世"，屏南聚落如满天星斗般出现。如屏城乡前汾溪郑氏家族，第二支的郑均志公迁往厦地，把自家庄园辟为依山傍水的小聚落，为此还口述了代代相传的选址故事：冬天寻牛几日，忽而梦中现身，竟然卧在山坡临溪的大石头上，周围白雪覆盖，唯有此处干燥，天亮寻找，果然找到如梦中所见情景。厦地村就此开创。每一个聚落的选址都有说得通的美丽传说，把此时此地的美好山水与农耕人文活动融合，编织一个可世代口述的故事，以此说明前辈选址的苦心，同时可以鞭策世代居住于此的后代，须敬畏身边的一草一木，通过灵性通道，拉近人神距离，做到天人合一，保一方"境"地的平安共荣。这种人居环境的生活哲学在屏南高山的人居环境中体现得淋漓尽致。如在屏城乡里汾溪古村，村庄地处小盆地，四面环山，溪流如满月环流聚落，地势格局传说如仙人撒网，溪流里的每一块较大突出的石头都有说法；对面的案山是民居大堂对景的焦点，据说若有火星出现，就要警惕火灾发生。里汾溪水头一侧有一座小山包用作"靠山"，水尾种植的百年高大松林，用来锁水，以求锁住财富与活力；大山水套着小山水，引高处溪流入村，山水之间，街巷或横竖有度，或倚山势层层顺着等高线随机合度营造；用里坊制层层管理空间，独门独户的三合院不断复制，有的各自随机形成里坊入户空间。这里，里坊式空间不但增加了公共空间的利用率，而且成为一般住户防御的基本手段。

由于屏南地处偏远，就地取材发挥了巨大优势，土木结构主导着所有屏南聚落的营造。土木结构大多两层高度，以三合院的空间模式连绵生长，一幅幅无限山居古朴画卷展开在有限的山水怀抱之中。

模式化营造建造的典范

屏南县域是模式化独门独户组合空间聚落的典范，有以下特点：一是特别集中，且连片建造，三合院单元极少有变化，在街巷空间常做多变组合，以应对具体地块地形；二是外围几乎一律以素夯土墙四周围合，或公用山墙，或自成院落；三是内部一律三开间木构架营造居住空间，只有一进，无门厅，三合院布局，后院仅挤出一个窄长的透天空间。这是屏南最为标准的民居形态。在此基础上，有时在山地随机应变让木构露出，或在穿村而过的商街上做商铺，从而打破被夯土墙紧密围合的形态。

福建丘陵地带是建筑风格多样性产生的历史洼地，这些沉淀下来的不同风格建筑呈现着不同的建造技艺，这种内在性的建造逻辑富含建筑形式语言的策略智慧。对于建造技艺在当下如何选择，从而如何形成一个山水地域的差异建造风俗。此类问题的追溯与解释始终是我们最感兴趣和探究的课题：传统营建最终能够提供给我们多样的建筑形式语言。当然，这些看得见摸得着的物质实体最终要为生活内容服务，而华夏民居的生活内容似乎一直都不怎么演化：这种礼仪化的生活秩序不会因为实际便利的刚需而作过度或颠覆性的改变。说白了，明清之际，管理者推崇的礼教秩序依然是生活内容的主流，尽管在明中后期差点突破了铁桶般的主流，此时少数民族又一次干扰了华夏民族蜕变的进程。因此，我们在内容方面不必做过多的思考，而是应在建筑容器的风格本质方面做深入的探讨与观察；在宏观方面，对建筑形态如何适应地域气候环境，又如何与山形水势融合在聚落空间肌理组合方面，进一步做些系统解读。这应是中国建筑文化在当下最有价值的认知体系：构建能够有效继承与转化的当代设计操作系统。

模式化的建造体系在一个地域整体发生，这就深刻地说明该地域的建造营造水平已达到历史经验值的高峰。借由对鹫峰山脉中段的屏南地域建筑风格的系统观察，相比我们已成书的尤溪传统建筑，屏南传统建筑的民居风格具有截然不同的建造逻辑。

首先，屏南县民居采用硬山围合方式，而尤溪县民居是悬山式的手法，尽管两个县相距不远。

其次，屏南民居建造方法偏夯土的重结构，轻结构的木构基本是简易木料，且形态

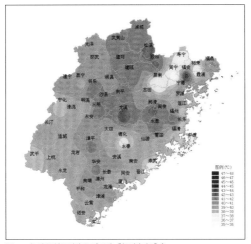
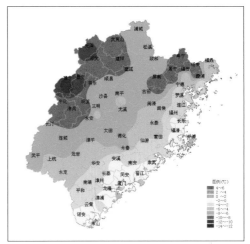

图一　福建极端最高气温（采自《福建气候》）　　　　　　图二　福建极端最低气温（采自《福建气候》）

封闭。而尤溪民居除了土堡外，大多是纯木构的舒展开放形态。对照《福建气候》一书所列福建省极端最高与最低气温图（如图一、二），明显可见，虽然两个县域相距不远，而气候环境却截然相反。屏南是福建省平均海拔最高的县，尤溪则地处高山围合的盆地，看来应对极端小气候环境是建造风格巨大差异的客观必然因素。

再者，屏南民居聚落基本是线面勾连成片，而尤溪民居极少连片形成街巷空间，基本采用散点组团式布局。

最后，前者以住户单元不断扩展复制居住空间，而后者呈点状组团形式，以护厝向左右增生。

除此之外，还有很多有趣的细节差异。同是"闽中屋脊"的山地丘陵建筑，两个县相距不远，其民居建筑却呈现极大的差异。在福建建造风格的历史断面上系统观察这种现象，着实令人惊异。这也说明，不同族群在应对处理居住环境方面，各自发挥了创造性智慧。这种多样性的建筑样本确实难能可贵，是我们采集源头建造遗传基因的原始宝库。

屏南成熟期的三合院单元户型的成片组合空间特征，以及这种建造风格的塑造过程，我们在这里试着提供几个起源式推导：

其一，源于北方的古老桢榦夯土技术在这里得以重生，且被大量应用。屏南民居依循高山民居温差大的特点，四面土墙围合，保障了冬暖夏凉舒适生活的直接需求，这是被动生态技艺应对客观气候环境的应有结果。对照尤溪县开放式民居组团，在戴云山一带的尤溪山谷地带，为了应对潮热小气候环境，人们多做有穿堂风的开放式民居是顺应自然的产物。

其二，自古闽北是福建文化的主脉，至少自南宋以来，这里是通京大道的辐射区块，古建州与福州是标志性地域（如图三）；从北方来的夯土建造技艺很容易在高山地带普遍生根；桢榦夯土的堵墙单元，人人可上手，简易操作，十人一组一天即可建成一堵。

图三　闽东北岭道（采自《福建古驿道》）

其三，以上只是外在的粗线条观察，而内生的建造逻辑又从何说起？在保障礼仪秩序的前提下，三开间的木构间架结构在这里成为最小单元的标配，外围厚重夯土圈定这个单元，不再做任何多余的事情，剩下的交给基因链的复制即可；这是偏远山区适应低经济水平，就地取材，运用简易智慧变化应对的结果。

其四，这种最小单元标配户型的聚落历史空间勾划，可演化出一幅族群亲疏关系的纯一姓氏血缘图谱（祠堂为核心点）；此种图谱在多重的里坊制空间里得到再次优化，形成有机生存空间的整体。

在如今现代性文化沙尘暴的席卷下，屏南典型的模式化营造建造是否能够给我们带来先进的生态型多样化的人文营造启示：既能满足系统生产的便捷，又能使得生命生存始终维系在较为高级的有机时空层面。

天地人神四位一体话廊桥

屏南山高水远，两条水系分别从鹫峰山脉西南面和东南面倾流而下，特别是雨季，两条水系汇流的众多溪流在纵横切割的山谷沟涧中急速奔流，挡住了人们开拓山区的脚步。有人的地方就有路，有路的地方就有桥。于是鹫峰山脉的屏南县，集中出现为数众多的廊桥，其结构有的是石拱，有的是木拱，不管取怎样的跨越结构，桥面上均设遮风挡雨的廊屋，且都是木结构顶着黛瓦的形态。这种廊桥在多雨多溪流的南方多见，且在平均海拔最高的闽中屏南地域密度可能更大。

从廊桥形态的演变规律上来看，廊桥空间形态最先应来自自然山水间的苑囿。人们为了优化苑囿简易桥梁的可逗留性，于是就发明了这种流动空间所需的半居所。在之后的明清之际，这种空间在多雨的江南园林中大量被采用，激发着不同生活形态在园林中的怡情生活。这种生活形态拉近了人与自然的深层沟通，既不被大自然侵害，同时收获了诗情画意的生活情趣。这种与大自然交融的立体空间关系经营，唯有华夏营造文化可承担。由此而观，居住空间与自然形态的动态关系，同时也宏观地出现在晴耕雨读的乡野生活里。

廊桥被借鉴到这种高山聚落的衔接中，于是就发展出了相对独立的使用功能、空间节点及结构工艺。屏南多山多水地带，正好提供了多样生发的可能，特别是木拱廊桥的灵活应用。在这里，廊桥空间已不仅仅是沟通两岸的实际功能，可能一开始仅是遮风挡雨歇脚的临时场所，而一旦跨越了基本功能，设置了与山水共在的永恒祭祀场所，就有了天地人神共在的超越性。中国人的生存哲学，不仅仅在戏剧、文学、棋琴书画中进行这种超越，它还体现在每时每刻的生活起居里，廊桥这种生活空间的扩展场所正是实现了这种超越所需。屏南廊桥身姿最能体现这种升华的超越。

在如今仅存不多的屏南廊桥中，有最长的古老万安桥（近期拍摄后已焚毁），有曾经跨越近百米高山涧狭谷的清晏桥（已迁移），也有木构编织、工艺精湛的千乘桥、锦溪桥、惠风桥、龙津桥及金造桥（已迁移）。这些经典木拱廊桥木构编织工艺是世界上绝无仅有的工程技术，2009 年以屏南为主申报的中国木拱桥传统营造技艺，已入选联合国教科文组织《急需保护的非物质文化遗产名录》。万安桥、千乘桥、广福桥、广利桥、锦溪桥、龙津桥紧邻聚落，成为聚落人居的有机部分，祭祀香火兴旺，不仅在桥最中间设置祭台，且在岸边设有专门的宫庙。由于山高且水流丰沛，屏南的木拱廊桥克服了险峻的地势与宽阔溪流的阻隔，成就了自身的最高使命。惠风桥在远离聚落的交叉古道上，在苍茫天地间依然静守着这种精神。金造桥与清晏桥，尽管这二者已脱离了原有的驿道环境，但依然横卧成一道古老风景线。

除了木拱廊桥外，还有结构相对简约的平梁（木构）与石拱廊桥，二者一般出现在聚落溪流的上中下位置，有时也出现在有众多小溪流的山涧之中。这些廊桥在屏南这种多山多水的地方数量庞大，只是自从有了公路，废弃掉山路后，这类无名廊桥逐渐湮灭在人们的视线中。尤其在交通不太便利的地方，应该还隐藏不少廊桥。这些廊桥的桥体沟通着两岸，设置的祭祀场所进而升华为近身的此岸彼岸信仰世界。至今，廊桥上还时常会看见信徒们在香火缭绕中默默祈祷，人们透过廊桥雨披上的神灵葫芦窗，似乎可聆听到不息的流水与参天古树共同叙述的古老传说。

逼迫出来的生态人居聚落

从福建的移民史来看，每一个聚落创建的原始动力都是逼迫出来的，进而才有主动积极地用营造文化来优化场所，从而产生一种高级且有机的人居文化。这种文化在各个地域产生的形态各异，而某种人文秩序却贯穿其中，特别是通过对福建丘陵地带的多样化地域文化的系统观察，感知尤其深刻。屏南多样化的生态人居聚落也是逼迫出来的典型地域聚落。这种逼迫绝不是消极的强迫所为，而是在人口与资源的此消彼长中的主动开拓。

屏南逼迫出来的生态人居聚落可突出体现在以下系统观察中：

其一，融合自然山水的园林化。古代聚落讲究风水格局的立体勘察，其中的经验性智慧总带有某些神秘性，而拨开神秘的堪舆数术，汉人的每一个百年基业与山水环境之间总有简易的脉络可梳理。这种脉络在屏南山地聚落的建造中体现得尤为突出。先民为了与山水取得最大化的共荣共在关系，如同伏羲画卦，亦如仓颉造字，"近取诸身，远取诸物"，查明福祸，预防为主，先期规划，后期培养，聚落空间在屏南山地环境编织一个个大同小异的里坊秩序，虽远离商贾街市，却拥有街市的微缩格局，同时形成真山真水，触手可及的天然园林人居环境。这是经过数代人经营的结果，首先接纳山水，其次在不同族群的兴衰中塑造形成闭环式的和美境地。我们深入考察的27个屏南古村落，个个鲜活如此。

其二，实现建造技艺的在地化。由于山高水远，屏南的先民最大化地发挥就地取材的建造方式，烧制型的构造材料极少应用，青砖有时仅出现在大门局部。就地取材是农耕文明时期建造方式的最便捷措施，屏南民居都采用古老的桢榦夯土技艺，且大量普及应用，极少出现其他方式。相比福建闽南闽西土楼、五凤楼民居的相对轻巧的版筑夯土方式，屏南民居采用纯北方桢榦夯土方式，堵墙均等分片，一堵一堵错缝相叠。如果按夯土量来计算，屏南聚落的夯土规模同样巨大。这里有一个有趣的现象，屏南民居群虽然在山高林密的地方建造，但典型的大型民居极少。这里所说的大型主要是指比较硕大的内部木构架构体系。在我们观察所及之处，屏南大量的三合院民居木构梁柱粗细仅有碗口大小。这是普遍现象，也许夯土的重结构给予了更多的围护支持，这些木构材料就相应减弱了不少。

其三，简易形态的多变适应性。高山地理环境很少有较大片的平坦地块，极其有限的水系两岸平坦地块，在先期都被经营为较大聚落，且住户密集，商贸与农耕并重。在鹫峰山脉一带及周边多出现迷你型的三合院简易民居组合群落，这种里坊制空间管理体系里的合院组合群，特别纯粹大量地出现在屏南高山腹地，与这里廊桥同属于适应建造现象。这种三合院模块空间可根据地势随机形成连片聚落，且不浪费一丁点儿土地。在相对平坦的地势上如棋盘排布，有时前后左右错位；若在逼仄的溪流两岸缓坡地上，也可营造单户小单元，然后顺着等高线建造，一幢挨着一幢，山墙连着山墙，前后左右生成如蜂巢般的居住群落空间。

对以上屏南聚落内在特征的三点认知，使得我们不再怀疑我们是否能够与先辈的营造智慧接通。诚然，我们的当下与古老的过去所面对的生活节奏及生存问题，已大相径庭，但依然还有永恒不变的东西亟待我们深入思考，而这种全面的省察能够拯救我们当下被肆意撕扯的文化无根乱象。建筑本不是仅仅满足居住物欲的机械方盒子，它是摸得着的生活文化载体，值得我们每一个人重新认真对待。

由此回顾一下我们福建传统建筑系列丛书所研究的这些地域建筑。我们越来越清晰地发现，以福清传统建筑认知为起点的海洋文明所塑造的滨海民居性格，与福建中部南北走向的山岭屏障所孕育的山居民居风格，有着截然不同的内在聚落布局及建造逻辑。从南向北，闽南博平岭的南靖，闽中戴云山的尤溪，还有当下闽东北鹫峰山的屏南，这个福建中部的山岭屏障正好是农耕与海洋文明的分水岭。尽管在古代，人们通过海运码头逆流而上，吹进些许有趣的建筑风格，但整体依然沉淀了独具个性特征的地域聚落布局和建筑形式风格。闽南南靖在博平岭一带产生了土楼与青红砖民居，闽中尤溪在戴云山出现了土堡与灵巧的纯木构民居，而闽东北屏南则孕育了单元式成片蔓延的里坊制民居聚落。这是先民的主动选择，从而根据当地的客观条件，因势利导，从一次次的经验积累中，用不变的营造文化来改造与顺应山水脉络。恰恰在此处，保藏着不被外来污染的纯属于思维领域的适应性建筑语言，当下所做的这些整理与认知，是在为新时代建筑文化的传承与转化工作做些扎实的预备。

北村村民居聚落

棠口村木拱廊桥干乘桥

长桥村木拱廊桥万安桥

龙潭村民居聚落

厦地村聚落环境肌理

降龙村民居聚落

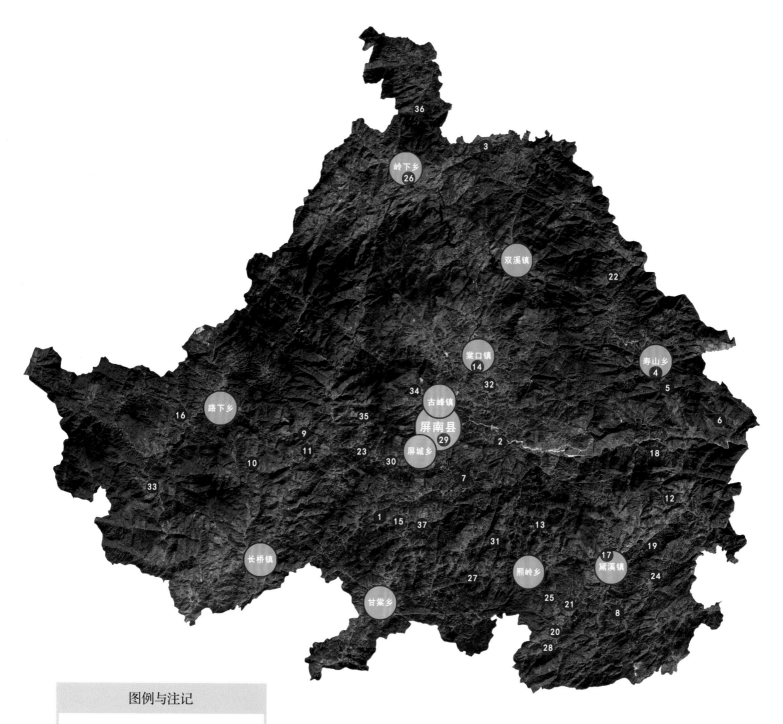

岭下乡
26

双溪镇

22

棠口镇
14

寿山乡
4

5

34

古峰镇

屏南县
29

6

16

路下乡

35

2

18

9

屏城乡

30

23

12

11

7

10

33

1

15

37

13

31

长桥镇

27

熙岭乡

17

黛溪镇

19

24

25

21

8

甘棠乡

20

28

图例与注记

● 村庄（37个）

● 乡镇（11个）

屏南县区位示意图

福州市

厦门市

考察调研村落位置示意图

1.漈下村	11.前汾溪村	21.四坪村	31.溪里村
2.漈头村	12.康里村	22.前洋村	32.凤林村
3.北村村	13.前塘村	23.厦地村	33.柏源村
4.寿山村	14.棠口村	24.北墘村	34.南峭村
5.降龙村	15.巴地村	25.三峰村	35.南湾村
6.白凌村	16.芳院村	26.岭下村	36.谢坑村
7.后龙村	17.恩洋村	27.岭里村	37.小梨洋村
8.忠洋村	18.南山村	28.墘头村	
9.里汾溪村	19.泮地村	29.古厦村	
10.罗沙洋村	20.龙潭村	30.上凤溪村	

上篇

传统建筑实例

聚落首先是由一个个民居建筑组合而成，到有了祠堂、街巷街亭、风雨廊及古树场所等共享空间，才有了聚落的完整性。这种完整性屏南传统建筑中最为具备。从岭道主干线上的棠口村、漈头村、忠洋村到偏远山峦里的白凌村、康里村，甚至在我们路过山腰时偶遇的南山村，祠堂与里坊制街巷都是基本标配，规模最完善的漈头村儒、释、道庙宇齐全，而棠口村不仅文化空间齐全，而且还在民国时期建造了规模不小的西洋青砖建筑群。

屏南对外交通自古不甚发达，近几年才开通高速公路，这就为当今罕见的全域生态人居环境积蓄了后发优势资源，特别是在乡村振兴的大战略蓝图中显得尤为宝贵。善待这份家底，摸清先辈营造文化的底层逻辑，不仅可现实利用，而且可做长治久安的文章。屏南高山聚落的完整性、纯粹性、适应性、园林性及原生性是不可多得的全域人居物质文化遗产，具有很高的学术研究与活化利用价值。

屏南聚落可分为这 3 种类型：溪流聚落类型、山地聚落类型、溪流山地聚落类型。溪流环绕或穿村而过的聚落，是屏南聚落的主体，这是溪流聚落类型，如漈下村、漈头村、双溪村、里汾溪村、前汾溪村、忠洋村、棠口村、巴地村、龙潭村、北墘村；山地聚落类型，选址主要看中风水甚佳的空间格局，大多在坡地上，如北村村、降龙村、寿山村、白凌村、康里村、恩洋村、南山村、泮地村、前塘村、四坪村、前洋村、三峰村；上述两者兼备的溪流山地聚落类型，如后龙村、厦地村、罗沙洋村，这类聚落地势高差较大，都沿着等高线排布。

屏南民居除了极少典型的民居外，基本是小三合院模式。里汾溪的徐家大院是一组具有独立防御体系的民居，双溪镇的张氏住宅（俗称"盖屏户"）是多组较大院落的组合，此外还有内部装饰精美的甘氏大厝、双溪宋宅、降龙古宅、漈头古宅。屏南活化利用民居已遍地开花，本书收录了 7 个村的 19 个典型案例。

屏南廊桥独树一帜，可归纳为三类：木拱廊桥、平梁廊桥及石拱廊桥。屏南自古山水如画，且在人迹罕至的高山，寺庙众多，有的规模不小，香火不息。屏南宗祠建筑一般都在聚落中心位置，有的如同民宅。棠口村的一组台地青砖建筑群，做工精良，在山区实属罕见。屏南聚落一般都点缀了街亭、路亭，还有至今已不多见的古驿道牌坊群。

漈下村聚落远景鸟瞰

一、传统聚落

　　屏南传统聚落属高山偏远聚落，具有纯粹性、原生性、整体性，以群体规模取胜，以保存完好见长。这是屏南传统建筑的最大特征。目前，屏南拥有中国历史文化名村名镇 3 个，省级历史文化名村名镇 6 个，中国传统村落 22 个，省级传统村落 18 个，总计 49 个挂牌古村落，为数众多，均匀分布在全县。

漈下村聚落中景鸟瞰一

传统村落

甘棠乡漈下村

　　漈下村兴于明、盛于清，至今有五百多年人居记载历史（《甘氏族谱抄集》）。甘氏一族从浙江翻山越岭，在1437年来到福建古田二十二都保龙漈下。这个经营了近六百年的中国历史文化名村，在清康熙年间出了一位武进士甘国宝，他两度任台湾挂印总兵，为一代名将，当时村里习武风气盛行，族人多有练武习俗。

　　甘氏漈下聚落在盛期，儒释道建筑齐全，民居格局清晰，街巷呈"臼"字形，由明代"曰"字形肌理发展而来，是屏南西南境远近闻名的名村望族。漈下聚落落脚在屏南为数不多的相对平坦的龙漈溪两岸的小盆地上，属溪流聚落类型。在溪东面缓坡台地上横平竖直地排布着三合院民居，靠山面溪，四周围合防御城墙，建有炮楼及城门等较高规格防御设施。龙漈溪流经村落

的上、中、下游分别有廊桥广通桥（江墩桥）、迎仙桥（花桥）及漈川桥（聚宝桥），紧邻中游花桥东岸的有北城门，西岸溪水交汇的三角地带有"龙漈仙宫"，在上游有凌云寺，下游有水尾殿（飞来庙），村西南端古道上建有峙国亭，村中还有各个时期建的龙山公祠、甘氏支祠、官厅厝等公共建筑。随着农耕社会的不断解体，甘氏聚落从四周墙体围合的固若金汤格局，到龙漈溪西岸晚期民居建筑的离散式扩展，可证实一个事实：内向凝聚力的农耕社会整体必然滑向后工业信息化社会。古村悠久，生态如故，昔人曾是，今人恍惚，唯保不变，应对多变，自然永存。

　　漈下村2007年入选为第三批福建省历史文化名村，2008年入选为第四批中国历史文化名村，2012年入选为第一批中国传统村落。

漈下村临溪民居聚落自然与人文环境

漈下村石刻村牌

漈下村水岸民居情景一（李玉祥摄）

漈下村水岸民居情景二

漈下村聚落中景鸟瞰二

潡下村聚落航拍总平面

潡下村聚落近景鸟瞰一

潡下村聚落近景鸟瞰三

潡下村聚落近景鸟瞰二

潡下村聚落近景局部组图

漾下村聚落近景鸟瞰四

漾下村北城门及花桥廊桥

漾下村龙漾仙宫

漾下村临溪风雨廊一

漾下村人文景观

漾下村水碓

漾下村临溪风雨廊二

漾下村甘氏祠堂

漾下村临溪风雨廊三

漾下村阁楼

漆下村临溪风雨廊四　　漆下村聚落近景鸟瞰五

漆下村聚落里坊制街巷组图

巴地村聚落近景鸟瞰

甘棠乡巴地村

　　不变的是一个丘陵区域建造风格的历史沉淀，变化多端的是各自基于生活方式应对地理与气候环境的不同解决之道。屏南这些历史人居的遗物只是与当代社会发展节奏相对脱节，而民居建筑文化是永存的，这是我们进入每一个原生聚落的观察视角。畲族的巴地村是其中一座原生聚落。畲民与汉人更完善的生活技艺结合后，在历史的演变中，终究汇流一起。蓝氏巴地村除了村口牌坊表明它是畲村外，其他的与汉民族一模一样。正如村史所载："一祠二亭三桥横，四树五井六洋连，七潭八岗九垅宽，十佛百户千万年"。

　　五百年巴地村遵循华夏风水实践规划，坐北朝南，以蓝氏祠堂为核心，临溪一字排开在小山坡上，核心古村的里坊街巷同样在较高、较深处，临溪处是后来慢慢扩展出的较宽街道。聚落水尾有一组人神共在的公共建筑，一座巴地平梁廊桥、一座路亭、一座文昌阁，共同见证着一个家底厚实的人文聚落。

　　巴地村 2017 年入选为中国少数民族特色村寨，2019 年入选为第三批福建省传统村落。

巴地村水尾文昌阁与路亭

巴地村入村牌坊

巴地村聚落局部鸟瞰

巴地村聚落航拍总平面

巴地村聚落里坊制街巷组图

小梨洋村聚落远景鸟瞰

甘棠乡小梨洋村

　　小梨洋村地处相对平坦的溪岸一侧，西高东低一字排开，古村格局两纵一横，里坊制街巷秩序井然，素朴夯土民居相互倚靠着组成一处甘氏聚落。一代名将甘国宝出生在这里，与漈下村甘氏血缘同脉。小梨洋村人居历史较久，由于藏有丰富的银矿，这里在唐宋年间就是一处人烟兴盛之地，明时期甘氏迁入，逐渐演变为甘氏一族聚落。村落水尾有一处石拱廊桥锁水，廊桥一侧建有巍峨文昌阁，人文环境丰厚。

小梨洋村聚落局部鸟瞰一 　　　　　　　　　　　　　　　　　　　小梨洋村聚落局部鸟瞰二

小梨洋村聚落航拍总平面 　　　　　　　　　　　　　　　　　小梨洋村聚落局部鸟瞰三

小梨洋村水尾石拱廊桥与阁楼

小梨洋村聚落里坊制街巷组图

双溪古镇聚落雪景

双溪古镇

双溪古镇是古代屏南县县衙所在地，解放初期由于匪患滋扰，政府办公地迁往古田方向的长桥镇，现在的县城选址在屏南县域中相对居中的古厦村。双溪古镇在清雍正十二年（1734年）成为屏南县衙所在地，之后得到空前发展，按照主要的县治结构进行规划、营建：城内设文庙、城隍庙，当然还有县衙等办公场所，寺庙宫观及桥塔齐全，环周城墙、城门围合固若金汤，随之成为鹫峰山岭中的军事要塞。这里是闽东北岭道通衢官道的必经之地，也可通往古田或福安，再到福州沿海的古驿道上的中心城池。

双溪古镇有千年历史，因南北两溪在盆地西端交汇流出，而得名"双溪"。在设屏南县县治之前的唐末，这里的山形水势吸引了陆氏一族，经过他们的

不断经营，在两溪交汇处的较大盆地上已然形成规模不小的人居环境。后来，张氏、薛氏的加入，再次使得双溪聚落发展壮大，直到设立县衙后，得到空前的发展，民国盛期，有四十多个姓氏在这里定居。双溪古镇坐北朝南，背靠翠屏山，前绕溪水，城墙内寸土寸金，古街旁商铺林立，民居在迭代的地基上不断更新，街巷的夯土墙中夹杂历代陶瓷碎片与熟土，令双溪古镇越发苍劲与古老。曾有宋时文人诗咏：双溪之山秀且灵，又溪之水渊且清。

双溪古镇2007年入选为第三批福建省历史文化名镇，2012年入选为第一批中国传统村落，2014年入选为第六批中国历史文化名镇。

双溪古镇聚落局部鸟瞰一

双溪古镇聚落局部鸟瞰二

双溪古镇聚落航拍平面局部

双溪古镇聚落局部鸟瞰三

双溪古镇聚落局部鸟瞰四

双溪古镇聚落航拍总平面

双溪古镇主街一

双溪古镇主街二

双溪古镇街亭

双溪古镇聚落里坊制街巷组图

北村村聚落远景鸟瞰

双溪镇北村村

北村村至今有三四百年的建村历史，张氏一脉在此开基立业，村庄地处屏南县域的北部边缘地带，故名"北村"，其地势是政和县境内洞宫山一脉的延伸。北村村与著名的白水洋地质公园毗邻，坐落在一处缓坡山岗上，坐东朝西，北面有溪流绕出，南面有小峡谷盆地，良田阡陌，后山布满层叠梯田，四周群山环绕，一派田园牧歌景象。

顺应缓坡地形环境的自然势态，北村村呈倒三角形沿着等高线布局，从上往下、横平竖直，横向肌理整齐，两侧随机扩展收尾边界，在街巷端头设置门楼或炮楼，在夯土山墙的围合中，遵守自然法则的营建逻辑一目了然。北村村的里坊制街巷布局保存得最为完整，巷道分区块设置坊门，使得人居空间在大中小的区隔中，富有人文尺度的把控。村北散落的部分民居是北村聚落空间的溢出部分，这是和平时期，人口膨胀后人们做的居住空间扩展，形成与古村格局若即若离的关系。

北村村 2013 年入选为第二批中国传统村落，现存建筑群多数是清中后期、民国及新中国成立后五六十年代土木建筑。

北村村聚落航拍总平面

北村村聚落近景鸟瞰

北村村聚落局部鸟瞰一

北村村聚落局部鸟瞰二

北村村村口风雨廊

北村村聚落局部鸟瞰三

北村村聚落里坊制街巷组图

漕头村聚落航拍总平面

棠口镇漕头村

　　漕头村是屏南少有的千年古村，肇基于唐，发展于宋，兴盛于明清，各个氏族迭代经营，在高山峻岭的古官道上形成文教丰厚、商铺林立的中心村落。先后有宋、蓝、梁、黄、张族群落脚于此，特别是明清之际黄氏与张氏两大族群蔚然成风。漕头村属溪流聚落类型，由于流经此盆地，水流丰沛的光明漈、秃头漈、狮潭漈、一龙漈、二龙漈等瀑漈最终汇到金造溪，所以村子命名为"漕头"。

　　在素有"高山假平原"地势环境的优越位置上，漕头村在溪流两岸展开生长，九曲溪（竹溪）穿村而过，溪流中悠游着锦鲤鱼群，人们还特意为鲤鱼设置了多处避洪塘，实属罕见之人文景观。漕头村内的老街称作凉亭街，街两侧布满商铺，此外还有后街、中心街及南洋巷、鲤鱼弄、黄厝弄，这些横竖交错的里坊制街巷在炮楼与寨墙的围合中，形成多个氏族和谐共处的商贸、农耕聚落。村外分别有"上六景"与"下八景"，这是历代村内文人群体对自己家乡山水特征的准确勾画。漕头村在当地有"屏南好漕头"的美名，离不开"士林硕望"耕读传家的丰厚积淀，特别是人才济济的张氏一族。漕头村的古代人居格局至今保存得较为完整，仍有人居住，是屏南建县历史的见证者。

　　漕头村 2007 年入选为第三批福建省历史文化名村，2010 年入选为第五批中国历史文化名村，2012 年入选为第一批中国传统村落。

漕头村聚落远景鸟瞰

漕头村聚落局部鸟瞰一

漈头村聚落局部鸟瞰二

漯头村临溪风雨廊

漯头村鲤鱼避洪塘

漯头村临溪街巷情景一

漯头村聚落局部鸟瞰三

漯头村聚落局部鸟瞰四

漯头村聚落局部鸟瞰五

漯头村聚落局部鸟瞰六

漯头村聚落局部鸟瞰七

漯头村临溪街巷情景二　漯头村里坊制街巷　　　　　　　漯头村临溪街巷情景三　　　　　　漯头村街亭

漯头村临溪街巷情景四

漯头村临溪街巷情景五

漯头村原住民

漯头村张氏宗祠

漯头村民居建筑造型

漯头村临溪街巷情景六

漯头村临溪街巷情景七

漂头村街巷组图一

漂头村街巷组图二

棠口村古村航拍总平面

棠口村八角亭及庙宇总平面图

棠口村聚落局部鸟瞰一

棠口村聚落街巷组图

棠口镇棠口村

　　岭下溪与白溪交汇后成棠溪，溪流宽阔，碧水蓝天，是屏南古官道上率先发展起来的大聚落之一。由于离古县城双溪不远，又在新县城附近，棠口成为经济文化副中心，是棠口镇所在地。

　　棠口村依山傍水，尽享天赐佳地，在棠溪南岸环抱缓坡上，坐东朝西营建，属溪流聚落类型。核心古村街巷依然较为完整，较缓台阶路层层高升，街巷里坊曲里拐弯，如棋盘亦如迷宫般游走，沧桑斑驳的山墙呈现出八百年古村风貌。古村外围已被混凝土楼房包围，由于人口膨胀，成为集贸中心，沿路口又形成一个新村。棠口村在棠溪两岸形成人文氛围浓厚的环境，以两孔木拱为特征的著名廊桥千乘桥为中心，廊桥北岸有座祥峰寺，南岸有座高大的八角亭，碧水荡漾，翠绿山峦，倒影摇曳，共同勾画出一个古色古香的聚落环境。村落高处山岗在民国时期营建有一组青砖建筑群，工艺精良、难得一见。

　　棠口村是红色文化教育基地，2012 年入选为第四批福建省历史文化名村，同年入选为第一批中国传统村落。

棠口村聚落局部鸟瞰二

棠口村聚落局部鸟瞰三

岭下乡谢坑村

谢坑村在屏南西北部，与东南部的忠洋千年古村齐名，是县域门户之地。谢坑村古称谢教坑，源于陆氏肇基始祖感恩选址先生"谢教堪理"，民国时期改名谢坑村。《屏南县志》曾记载，在雍正年间立县之时，县治所在的双溪仅四五十灶，而谢坑村竟有四百烟户，为屏南开县第一村。谢坑村自古产茗茶，富庶一方，因清康熙五年陆氏剿匪有功，赐建城门三座，成为茶盐古道上的商贸交通要道。民国时期乱象丛生，谢坑村被山匪付之一炬，几乎焚毁殆尽，古村现存为数寥寥的几座古民居夯土墙，还有几处门槛石过火裂缝可证，其他到处可见层层叠叠的房基，或被荒草淹没，或改做田地，隐约可见曾经的繁华与富庶。

谢坑古村藏在山岭一侧山谷之中，在山岭上从上到下设置七处水塘作为一侧聚落边界，既可实用为防火用水，也是一处风水规划景观，与一侧平行的山岭风水林遥望。溪流水尾木拱廊桥锁水，与山岭风水林组成一道人居空间的界域。谢坑新村迁往山谷之外，沿着溪流岸边一字排开，成为新时代的人居面貌，新旧之间，一个千年陆氏聚落的变迁时空历历在目。

谢坑村 2018 年入选为第五批中国传统村落。

谢坑村聚落远景鸟瞰

谢坑村聚落航拍总平面

谢坑村聚落局部鸟瞰一

谢坑村街巷一

谢坑村街巷二

谢坑村街巷三

谢坑村石砌民居大门

谢坑村寨门西门、古道与村落

谢坑村聚落局部鸟瞰二

谢坑村寨门西门

谢坑村寨门东门

谢坑村寨门北门

谢坑村古村房基台地与台阶路

谢坑村古村民居石门槛火烧裂缝

降龙村聚落远景鸟瞰

寿山乡降龙村

　　韩氏一族在古代叫做"横垄"的地方，经营了五百多年，成就了当下这个基本保存完整的典型山地聚落。翻开降龙村《韩氏宗谱》，可看到清末绘制的彩色图画，有降龙村全貌与八景图，及韩氏祖上名人的精美画像；格调超逸的降龙村"合乡全图"与现在的格局完全吻合，根据八景图在降龙村周边至今仍可找到风景绝美的对应场景。

　　降龙村背靠千亩风水林，古树名木参天，一条小溪穿村而过，水尾"金龟守口"缓缓流出。一条古街与村外茶盐古道紧密连接，古街商铺林立，可见它曾经作为驿站的繁华程度。三合院单元式的夯土民居在等高线上看似随机营建，却又精准地实现着自我的立足，在前后左右的山地高差组合中，街巷与石阶相连、高低错落、幽静异常，坊门与街亭点缀其中，古巷悠悠，时间凝固。聚落中央坐拥韩氏大祠堂，其右侧虎头山上屹立着气宇不凡的乡土书院。

　　降龙村 2015 年入选为第一批福建省传统村落，2016 年入选为第四批中国传统村落。

降龙村聚落航拍总平面

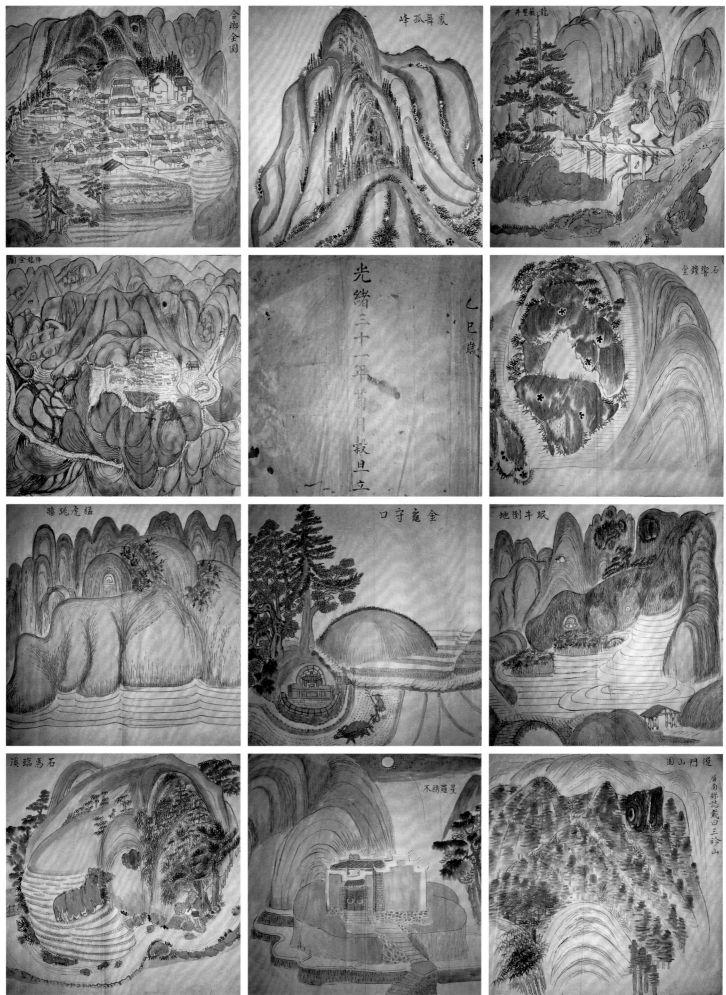

降龙村聚落《韩氏宗谱》手绘"合乡全图"及八景组图

降龙村聚落近景鸟瞰

降龙村聚落局部鸟瞰一

降龙村聚落局部鸟瞰二

降龙村聚落局部鸟瞰三

降龙村书院鸟瞰

降龙村书院远眺

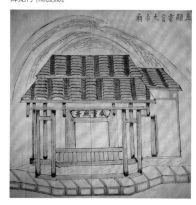

降龙村聚落《清代族谱》手绘祠堂及八景组图

降龙村聚落里坊制街巷组图一

降龙村聚落里坊制街巷组图二

降龙村聚落局部远眺

降龙村聚落山地人居空间一

降龙村街亭

降龙村商街一

降龙村商街二

降龙村原住民

降龙村聚落山地人居空间二

降龙村聚落清代族谱手绘先贤人物谱

寿山村聚落近景鸟瞰

寿山乡寿山村

寿山村是屏南茶盐古道上的重要驿站，这是苏氏族群营建了五百多年的古村落，属山地型聚落。寿山村坐东朝西，在小盆地南侧坡地上，民居沿着等高线有序排布，街巷随着地势逐渐升高，一侧低处小溪流环绕而过。这里是屏南通往沿海主干道的东大门。

寿山乡一带奇峰突起、山水秀美。寿山村背靠翠美孤峰，山峰如金钟倒

扣，映衬着起伏连绵的各式民居山墙，民居与山形水势融为一体。这里曾是屏南八大茶行的落脚地，是明清时期高山茶叶的生产、制作与销售基地，茶叶经由三都澳港或福州远销海外。

寿山村 2014 年入选为第三批中国传统村落。

寿山村村口景观

寿山村村口茶盐古街牌坊

寿山村聚落航拍总平面

寿山村民居建筑造型

寿山村聚落局部鸟瞰一

寿山村聚落局部鸟瞰二

寿山村聚落局部鸟瞰三

寿山村聚落局部鸟瞰四

寿山村苏氏宗祠

寿山村聚落局部鸟瞰五

寿山村聚落局部鸟瞰六

寿山村聚落局部鸟瞰七

寿山村聚落局部鸟瞰八

寿山村聚落山地街巷组图

白凌村聚落远景鸟瞰（李锐摄）

寿山乡白凌村

在海拔 1300 多米的高山上藏着一座古村落，其名如地势，叫"白凌"。白凌村坐落在地势险要的山坡上，坐北朝南，背靠国婆峰，民居依山势层叠建造，面朝悬崖深谷，眼前群山连绵，右侧成片山坡被历代彭氏先辈开垦成片梯田，层层叠叠，与聚落一同勾画出一幅壮美的人居图卷。

白凌村虽身处高山，但在古代是一处茶盐古道的重要通道。白凌村自从彭氏三兄弟到此肇基以来，已有近七百年村史。古道通商，家底殷实，常遭匪盗，现存的白凌村落，是在遭到多次山贼洗劫后一次次重建的。白凌村古称"白襄溪"，曾有族人描绘村景：玻峰插汉、锦鲤朝天、砻石团云、石鼓鸣秋、绣旗拥翠、金鸡报晓、青狮锁地。白凌村是山地型聚落的典型，主要以台阶联系上下，横向左右形成街巷，虽高差较大，但仍形成整体的街坊格局。

白凌村聚落近景鸟瞰一

白凌村聚落近景鸟瞰二

白凌村聚落航拍总平面

白凌村聚落远眺

白凌村聚落局部鸟瞰一　　　白凌村聚落局部鸟瞰二　　　白凌村聚落山地街巷一　　　白凌村聚落山地街巷二

白凌村聚落山地街巷组图

白凌村聚落局部鸟瞰三

白凌村彭氏宗祠

屏城乡后龙村

　　在高山丘陵的"褶皱"里，宽阔的后龙溪沿岸，藏着一个名叫后龙的古山村。后龙村坐北朝南，在河岸北侧顺着坡地阳面一字排开，充满凡是有空隙的场地，可见这里昔日的活力，而今却静谧如天外飞来之物。后龙村是张氏一族肇基于宋淳化年间，村落古民居随坡上下排布，保存基本完好。村中巷道陡峭，多以台阶相连，是典型的溪流山地型聚落。

　　后龙村格局完整，村落中设有炮楼、哨楼，临水建龙溪亭，水尾有慧光寺及龙津木拱廊桥。村内有座精美的"柏舟遗烈"贞节石牌坊。拔贡出身的张宗铭故居及张氏宗祠居中布置。后龙溪两岸古树名木遮天蔽日，宽阔的溪流倒映着民居鳞次栉比的山墙，置身其中，如入江南水乡。

　　后龙村 2014 年入选为第三批中国传统村落。

后龙村聚落远景鸟瞰

后龙村聚落航拍总平面

后龙村临溪民居情景一

后龙村临溪民居情景二

后龙村聚落局部鸟瞰一

后龙村聚落近景鸟瞰

后龙村聚落局部鸟瞰二

后龙村聚落局部鸟瞰三

后龙村聚落局部鸟瞰四

后龙村聚落局部肌理一　　　　　　　　　　　　　　　　　　　　后龙村聚落局部肌理二　　　　　　　　后龙村街亭

后龙村临溪民居情景三

后龙村张氏宗祠　后龙村夯土碉楼　　　后龙村民居夹杆石　　　　后龙村山地街巷一　　　　后龙村山地街巷二　　　后龙村山地街巷三

后龙村山地街巷四　　　　　　　　　　　　　　　后龙村山地街巷组图

里汾溪村聚落局部鸟瞰

屏城乡里汾溪村

坝头溪自高山泻下，在一平坦小盆地突然减缓，大拐弯后流出，冲击出一处宜居的平坦地块。这里水流丰沛，山林茂密，里汾溪村正坐落在这个近乎圆形的小盆地上，坐西朝东，背靠仙人垱山，面朝麒麟山，北面金龟山与南面金鸡山左右对峙形成屏障，溪流从西面高山湍急而下，在盆地缓缓而行，往东环绕人居隆起腹地，沿山脚从南面而出。里汾溪村的先辈在这里勾画出八幅生动的人文图景：松坞鸣涛、石岩飞瀑、龙涧回澜、葛岭停云、仙峰耸翠、樟潭印月、古桥积雪、峭石楼霞。解读清楚这八幅人文景图，就能深刻领会古人对于聚落营造的深层认知。八景图每一幅身临其境的勾画，在现场都有对应的可感知图景，并非文学化的表面描绘。

里汾溪聚落在发展中演化出三个人居空间：盆地北侧临溪组团是宋代的选址；清末徐氏家业兴旺，良田千亩，在盆地南侧出水口，临近水尾松树林，自造防御体系完整的庄园，与老村若即若离；进村道路的一侧是新盖的一片夯土新村。三个时期，三种形态，边界清晰可见，而祠堂与电影院夹在三个组团中间。老村中有一条鲤鱼弄穿村而过，清末建造的徐家庄园四面以高墙围合，四角炮楼矗立，自成体系；新村建造显然以便利为主，民居依然保持使用夯土工艺。里汾溪宋时有七姓和谐共居，后来只留徐氏与郑氏，郑氏迁往下游前汾溪后，徐氏一族逐渐壮大，至今里汾溪还留有郑公殿一座。在民国初期，里汾溪徐家出了两位才子，一位是屏南教育先驱徐式圭，一位是工程师兼作家徐式庄（曾与鲁迅有过交往）。

里汾溪村 2016 年入选为第二批福建省传统村落，2019 年入选为第五批中国传统村落。

里汾溪村聚落远景鸟瞰

里汾溪村聚落局部远眺

里汾溪村街亭

里汾溪村大厅

里汾溪村聚落中景鸟瞰

里汾溪村聚落近景鸟瞰一

里汾溪村聚落近景鸟瞰二

里汾溪村聚落近景鸟瞰三

里汾溪村街巷组图

屏城乡前汾溪村

　　源自里汾溪村的溪流，到前汾溪这里逐渐变缓，溪面变宽，溪流在此拐个弯往长桥方向流去。在这拐弯的河岸上，坐北朝南，郑氏一族在此卜居落脚上百年。在古代，一般村落选址在水流源头一带，往上尽量没有人烟，除非下游是上等宜居之地才会选址落脚，想必前汾溪郑氏从里汾溪迁移出来时，就看中了这处风水宝地。

　　前汾溪人居空间格局是从东侧溪流转弯的地方发起，然后顺着溪流一字排开，在平缓的坡地上，背靠山梁，延伸到水尾庙收尾，呈鱼状形态。前汾溪几乎每栋民居建筑都朝向溪流，中后期建造的联排三合院单元，街巷随之横向延伸，组团肌理清晰可见。前汾溪聚落是三合院单元式成规模组合的典范。

　　前汾溪村 2015 年入选为第一批福建省传统村落。

前汾溪村聚落局部鸟瞰一

前汾溪村聚落远景鸟瞰

前汾溪村郑氏宗祠

前汾溪村聚落局部鸟瞰二

前汾溪村聚落局部鸟瞰三

前汾溪村聚落局部鸟瞰四

前汾溪村聚落街巷组图

前汾溪村聚落局部鸟瞰五

前汾溪村聚落街巷

前汾溪村聚落局部鸟瞰六

路下乡罗沙洋村

　　罗沙洋村在屏南县域西南端，明末杨氏在此肇基，聚落在溪流两岸有限的台地上组团营建，属溪流山地二者兼备的村落类型。罗沙洋村落核心区紧靠溪流两岸分布，村口设置炮楼，街巷在三合院民居的组合中逐渐形成，或跨越溪流，或通往山岭，聚落由低向高沿山坡逐渐往上分散发展，与山林融合，营造出与自然融合的园林般的人居环境。

　　罗沙洋村内有杨氏支祠一座，还有取得功名的旗杆厝。一个不大的村落竟有进士、举人、贡生等有功名者二十余人，这是群山连绵的小山村难以想象的成就。

　　罗沙洋村 2019 年入选为第五批中国传统村落。

罗沙洋村聚落远景鸟瞰

罗沙洋村聚落航拍总平面

罗沙洋村聚落局部鸟瞰一

罗沙洋村聚落局部鸟瞰二

罗沙洋村夯土碉楼

路下乡芳院村

芳院村池塘与风雨廊

  芳院村人居空间格局比较特别，三合院住宅在山岭等高线上，顺曲尺形的山坡，进行围合布置。坐西朝东的一组聚落背靠牛背峰，坐北朝南的一组则建在山谷的山梁一侧坡地，二者呈臂弯围合势态相对而立，古道上、山岭的一侧设置似如关隘的寨门。山岭上种植如屏障的杉木林，更加强了围合势态。村落低处洼地正好可收纳雨水与山上小溪流水，形成较大的湖面，村落倒映其中，这是山区聚落难得的一景。

  芳院村李氏一族定居此处已有六百多年，两个组团沿着等高线秩序排列，由于地势高差较大，街巷多以台阶沟通上下，进入聚落如入迷宫。芳院村有风水俱佳的八景记载：西园竹翠、双水夹田、东岭松峰、马道环乡、一镜圆池、牛背峰高、棋盘当道、虎头丫壮。

  芳院村 2014 年入选为第三批中国传统村落，2019 年入选为第六批福建省历史文化名村。

芳院村聚落远景鸟瞰

院村聚落局部鸟瞰一 　　芳院村聚落局部鸟瞰二 　　芳院村民居建筑造型一 　　芳院村民居建筑造型二

芳院村聚落局部鸟瞰三

芳院村聚落航拍总平面

熙岭乡前塘村

在连绵大山山麓的旷达地带，前塘村背靠大山延伸出的一座小山岭，雍容横卧在古道之上，全村地势较缓，坐北朝南，一条主干街巷贯穿其中，里坊制空间格局完整，坊门不断出现在横向的小巷道节点上。

前塘村林氏在七百年前肇基此处，不远处有座木拱廊桥清宴桥，村中林氏大祠堂气宇轩昂，祠堂正前方设有大戏台，是一处家族活动中心。村落主

村一侧，类似康里村，溢出风水或防御边界，又形成一个十来户的聚落。前塘村几乎看不到溪流，纯属山地聚落类型。

前塘村 2015 年入选为第三批福建省传统村落，2019 年入选为第五批中国传统村落，同年入选为第六批福建省历史文化名村。

前塘村聚落远景鸟瞰

前塘村聚落航拍总平面

前塘村聚落局部鸟瞰一

前塘村林氏宗祠戏台

前塘村聚落局部鸟瞰二

前塘村聚落局部鸟瞰三

前塘村聚落局部鸟瞰四

前塘村聚落局部鸟瞰五

前塘村聚落里坊制街巷组图

忠洋村聚落局部鸟瞰一

黛溪镇忠洋村

千年古村忠洋村古称"忠义乡"，始建于北宋。它地处屏南、古田及蕉城三县（区）交界，是进入屏南的东南门户。因此，忠洋村不仅以农耕立足，还有商贸命脉，这使得这个聚落成为清代屏南设县治时的全县第二大村。忠溪弯曲着穿村而过，四周秀翠山峦耸立，在溪流两岸盆地上，一座座民居建筑布局如棋盘，或在山坡上，或在临溪处，组成各自的里坊格局，又整体、有机地顺着自然肌理形成一个韦氏大家族族亲血缘关系网的空间投射。忠洋村兴于北宋，一开始陈、胡、黄等姓氏共居一处，后来韦氏一族由古田迁居忠洋，韦氏枝繁叶茂、后来居上而成为忠洋聚落的主体，最终形成如今规模的忠洋村聚落。

忠洋村经过千年积淀、几十代不同姓氏族人的经营，坊巷布局稳固成熟。虽历经一代代优化扩展，空间始终在变，但不变的是山水境界。忠洋村背靠旗山，面朝笔架山，水尾以鼓山镇守，溪流滋润两岸，商铺林立，街衢人影匆匆，古道三岔口莫过于此。整个忠洋村小溪流密布，里坊格局完整，街巷中还有几处较大石槽用以取水。古村呈两纵三横空间结构，分出上店乾、坪头、洋中路及楼下里几个住区。忠洋村八景曾有：伞石飞泉、旗山翠黛、鼓嶂晴岚、金钟拥峙、雌雄鹅石、笔架凌云、朝冠错彩、屃龟石。

忠洋村 2015 年入选为第一批福建省传统村落，2016 年入选为第四批中国传统村落。

忠洋村聚落航拍总平面

忠洋村聚落局部鸟瞰二

忠洋村聚落局部鸟瞰三

忠洋村聚落局部鸟瞰四

忠洋村聚落局部鸟瞰五

忠洋村聚落局部鸟瞰六

忠洋村聚落局部鸟瞰七

忠洋村聚落局部鸟瞰八

忠洋村聚落局部鸟瞰九

忠洋村聚落局部鸟瞰十

忠洋村水井一

忠洋村水井二

忠洋村水井三

忠洋村聚落里坊制街巷组图

黛溪镇康里村

在山巅风水自然格局上好的宜居山间盆地上，有一处名叫康里的山地型聚落。康里村背靠鸡鸣山，落在一处藏风纳气的洼地，依着等高线盘旋排布夯土墙围合的三合院民居，在自然边界内塑造成一个近似椭圆的聚落。在高低错落的地势环境中，驯服溪流流向低处的池塘，人们与水流完美、和谐共处，滋润一方家族的世代繁衍。

康里村原名"坑里"，这个"坑"字活灵活现地出现在农耕社会生活里，在福建，不管是在海岛，还是在连绵丘陵上，人们总爱把自家的蜗居之地称为"坑"，似乎在坑里可享受一种暖洋洋的护佑。当然，随着人口的不断增长，

康里村的自然边界也不断溢出：在和平时期，人们在一侧边界更低处的坡地上，又营建一处有十来户人家的小聚落。康里村居民以郑氏为主，同时还有江、杨、韩、孙等姓氏，和谐共处。村里曾是这么一幅和谐画面："乱松荫里慧兰业，三百余家一姓通。"康里村以玉带街为主线，高高低低穿越村落，街道两旁设有商铺与歇脚店面，上下以窄小的石阶巷道沟通，曲径幽深、屋宇层叠，在传统的里坊格局中自成一体，至今完整如初。

康里村 2015 年入选为第一批福建省传统村落，2019 年入选为第五批中国传统村落。

康里村聚落近景鸟瞰一

里村村口石刻村牌

康里村聚落航拍总平面

康里村八角水井

康里村商街商铺

康里村聚落古村航拍总平面

康里村聚落小聚落远景鸟瞰

康里村聚落里坊制街巷组图

康里村聚落局部鸟瞰一

康里村聚落局部鸟瞰二

康里村聚落近景鸟瞰二

恩洋村聚落远景鸟瞰

黛溪镇恩洋村

恩洋村坐落在主干公路旁一处比较平坦的盆地缓坡上，最低处阡陌良田，较高处屋舍俨然。恩洋村古称"温洋"，洋是良田佳地的意思，字面来说应是能够让生活有温度的人居聚落。恩洋聚落坐北朝南，天赐最优方位，背靠天星罿大山，延伸五个郁郁葱葱小山岭，衔接着村落边界，山岭之间随机开拓梯田，抚育着这处古老聚落。

恩洋村东西向展开，街巷肌理清晰，一排排三合院整齐排列，核心区屋舍保存完整，周边伴随着交通的发达，逐渐盖起了小洋楼，溢出古老风水格局，古老营造文化退隐视线，便利主导着这个村落，见证着历史千年变局。其实，如果认真遵循原有里坊肌理空间格局，方盒子混凝土形态建筑与三合院单元并不矛盾，缺失的可能是对营造文化宝贵价值的觉悟，这也是工业化时代洪流在山区漫延的一个活生生缩影。

恩洋村 2019 年入选为第五批中国传统村落。

恩洋村聚落古村航拍总平面

恩洋村聚落局部鸟瞰一

恩洋村聚落局部鸟瞰二

恩洋村聚落局部鸟瞰三

恩洋村聚落街巷一

恩洋村聚落街巷二

南山村聚落航拍总平面

南山村聚落远景鸟瞰

南山村聚落局部鸟瞰一

黛溪镇南山村

从康里村往下走有一处半山腰，面对着一个狭谷，在山坡洼地处有一座似乎处于静默状态的聚落，这是一座典型的沿等高线建造的山地聚落，人们能够落脚此处，应该有小溪流始终在滴灌着这个人居环境。这个村落名叫南山村。

南山村有两处组团，一处紧挨公路，被混凝土楼房围住，隐约可见后面一层层土墙、黛瓦；再一处是由于人口溢出效应，人们在较陡山坡层层建造了十处小合院。村落在古村扇形区域内密密匝匝形成里坊制居住街巷，几乎没有较大型的夯土合院，但肌理清晰可见；在扇形圆心焦点位置，设置后来的学校场地，再远处在低处的悬崖边设置祠堂，公路从眼前穿过。在这里，我们着重看到的是村落历史演化的动态格局，及当下千年变局中的静态考古断面，始终在思考与观察一个现象：华夏千年农耕聚落营造文化是如何忽然走向消亡的，这种天地人神共在的崇高人居生活方式的创造性难道真的不值一提吗？像南山村这样大量存在的半废弃的村落给予我们深刻的启示与震撼，这样的家族式村子在屏南鹫峰山周边的周宁、寿宁等地大量存在。

南山村聚落局部鸟瞰二

南山村聚落局部鸟瞰三

南山村聚落局部肌理

泮地村聚落远景鸟瞰

黛溪镇泮地村

　　泮地村坐北朝南营建在山坳坡地上，由于几乎没有一处较平坦的地块，民居顺势建造，散落在不同的等高线上，仅有一条主干路在最低处穿村而过。泮地村属典型山地聚落，局部核心区存有街坊，相较而言，犹如尤溪民居，大多以散点方式布局。

　　泮地村虽小，但民居形态齐全，村中有郑氏祠堂，水尾有廊桥，山岗不远处有庙宇，主干街还有商铺，特别是在较远处的狭谷河流上还有一座典型的木拱廊桥惠风桥。类似南山村，这也是一座近乎静默的自然村，在近年乡村振兴的东风下，山村面貌在悄然变化，最显眼的是用混凝土平整的场地及多层楼房。

泮地村聚落航拍总平面

泮地村聚落庙宇

泮地村聚落局部鸟瞰一

泮地村聚落局部鸟瞰二

泮地村郑氏宗祠

泮地村商街商铺

活化利用村落

熙岭乡龙潭村

在屏南南部深山狭谷中形成了一处隐居般的聚落，这里山清水秀，是古称"龙潭里"的地方，村东有一处天然圆潭虎朝潭，潭上二山如虎夹持一处垂挂瀑布，因此得名龙潭村，是"龙潭虎穴"之地。好山好水好宜居，在这里，初始时杂姓和谐共建共居，之后傅、杨、高、叶、周、韦等氏族逐渐迁出，从古田青峰迁入的陈姓逐渐壮大，自明成化年间龙潭村又开始了以陈氏为主的村落演化史。由于偏远，交通极端不便，龙潭村逐渐败落，直到 2017 年在乡村振兴的东风下，再次迎来转机，成为文创"网红"村落。

龙潭村聚落本身天资甚好，秀外慧中，沿溪进入，如游天然园林，虽然没有交通要道，也没有平坦盆地聚落那种丰厚的家底，但独处一处，自成一块璞玉。然而，在 2017 年之前，龙潭村水系两岸的核心古村已然彻底"空心"，而水流依然清澈，两侧山峦照旧翠绿。龙潭古村属于溪流山地类型聚落的典型，街巷里坊分布在西溪两岸，人们以北岸坡地为主营建，逐渐向南岸扩展，甚至在陡坡台地建造三合院民居。由于有了公路，在公路两侧迅速发展出临街方盒子民居，过了石拱桥，一直到古道上的水尾石拱廊桥，是民国或新中国成立后形成的村落，这部分聚落显然已溢出古代风水边界。

龙潭村以"党委政府 + 艺术家 + 村民 + 互联网"模式，改造并活化利用闲置破败的三合院民居或地基，辅以灵活方式，让"新村民"融入当地，活化利用成果遍地开花。在"人人都是艺术家"感召下，林正碌先生长期驻村，以传统材料和技艺改造废弃的古宅，活化了这个不起眼的小山村，形成一种应用互联网虚拟世界来活化物理空间的集群生活模式，让向往村居的城里人留得住、待得住，成为福建甚至全国乡村振兴样板。古村落活化利用是个世纪难题，这是个创新尝试，作家沉洲为其书写纪实文学《乡村造梦记》。

龙潭村 2015 年入选为第一批福建省传统村落，2019 年入选为第六批福建省历史文化名村，2020 年入选为第二批全国乡村旅游重点村，2021 年被表彰为第二批全国乡村治理示范乡村。

龙潭村石刻村牌

龙潭村聚落航拍总平面

龙潭村聚落局部鸟瞰一

龙潭村聚落局部鸟瞰二

龙潭村临溪民居建筑情景一

龙潭村聚落古村近景鸟瞰

龙潭村聚落局部鸟瞰三

龙潭村聚落局部鸟瞰四

龙潭村聚落局部鸟瞰五

龙潭村聚落远景鸟瞰

龙潭村临溪民居建筑情景二

龙潭村临溪民居建筑情景三

龙潭村临溪民居建筑情景四

龙潭村临溪民居建筑情景五

龙潭村临溪民居建筑情景六

龙潭村民居建筑造型

龙潭村聚落局部鸟瞰六

龙潭村聚落活化利用空间情景组图一

龙潭村临溪民居建筑情景七

龙潭村聚落街巷一

龙潭村临溪夯土亭榭内部

龙潭村聚落街巷二

龙潭村临溪夯土亭榭远眺

龙潭村聚落街巷三

龙潭村临溪夯土亭榭廊桥

龙潭村聚落近景鸟瞰

龙潭村聚落活化利用空间情景组图二

龙潭村民居建筑

龙潭村新村民

作者访问龙潭村

龙潭村文创活动一

龙潭村文创活动二

龙潭村"工料法"的工匠精神传承

龙潭村民居活化案例一

龙潭村民居活化案例二

龙潭村民居活化案例三

龙潭村民居活化案例四

四坪村聚落远眺

熙岭乡四坪村

在离龙潭村高处不远的山谷一侧坐落一处四坪村聚落，坐北朝南，面向较深山谷，背靠老崖顶峰，左右山岭环抱，坡地层叠，汇聚一处三合院式传统民居群落，在临山谷最低处蓄积一池塘，无较大可见溪水，属典型山地聚落类型。四坪村是四百多年前以潘氏为主形成的杂姓和谐居住村落，这是高山小聚落少见的现象，也许与这里曾是古道交叉路口所形成的包容习惯有关。四坪古村街巷格局完整，民居密密匝匝横向沿着等高线布局，分为三横一纵里坊街巷空间，一纵的泉井巷台阶路在高差地势中贯穿，屋舍在各自房基上端方营造，但绝不越风水格局半步，所谓"粪箕"之内是合度之地。村落八景有罗星映照、石龟交颈、丹凤朝阳、群雁饮泉、僧尼沐浴、狮象戏球、股龙鸣丰、九鲤朝天。这种将人文空间图像化的传统，自清康熙时期开始流行，这是文人体系对好山好水信息的敏感接纳，即使在偏远高山如四坪这么小的山村，文人依然活跃在科举系统的高光之下。

由于四坪村较为偏远，交通不便，与龙潭村的命运一样，几乎同时衰败，成为空村，也几乎同时在文创的感召下，活化利用村落的序幕逐渐拉开。林正碌先生也把目光瞄向四坪村，用骨子里的文人敏感再造这个村落，将脱胎换骨之术应用在这里：沿着公路边坎线，造风雨廊，可观光古村，纳入眼前景致，同时成为文创集市；引高处山泉入村，依高差叠落地势叠石，人造瀑布；在山村造园，手法狂猖，不失野趣；如同龙潭村，给每栋病恹恹的古民居对症下药，利用当地工匠群体，就地取材，简约、直接地诊治修复老屋，同时留足业态空间，在破立之间优化居住环境。这是古代乡贤文人本该有的品质。四坪村入驻十来家文创个人或团体，村落空间有幸以全新的形态再次运转起来。

四坪村 2019 年入选为第六批福建省历史文化名村，同年入选为第三批福建省传统村落。

四坪村石刻村牌与新建风雨廊   四坪村新建风雨廊内部一   四坪村新建风雨廊内部二

四坪村聚落航拍总平面

四坪村聚落局部鸟瞰一

四坪村聚落局部鸟瞰二

四坪村聚落局部鸟瞰三

四坪村聚落局部鸟瞰组图

四坪村聚落叠叠水文创空间

四坪村活化民居一

四坪村活化民居二

四坪村聚落水塘文创空间

四坪村聚落理水文创空间

四坪村活化民居三

四坪村活化民居六

四坪村活化民居四

四坪村潘氏宗祠

四坪村活化民居五

四坪村活化民居七

四坪村聚落街巷组图一

四坪村聚落街巷组图二

三峰村聚落文创景观近景

熙岭乡三峰村

　　三峰村呈"L"形一竖一横在高差较大的山坡上坐西朝东建造,一横的位置显然是核心区,中间汇聚一处圆形池塘,一竖的位置是逐渐随着山坡而层叠演化成形的,三五个三合院层层叠叠排成一排,这是一处较小的山地聚落。距三峰村不远有一座明代创建的著名寺院九峰寺。

　　在屏南文创盛举之下,这里划为龙潭文创片区。三峰村作为"三毛五多肉"种植基地,由龙潭新村民在村落低处公路一侧台地上设计多肉种植玻璃棚,设计手法轻盈简洁,既为多肉的特性设置了阳光棚舍,又用玻璃与轻钢材质极大融合了地景景观,从而也使得多肉能被充分展示给路人,具有创新性。在邻近村民土木民居的房前屋后,框架采用木质结构,玻璃顶使用有机玻璃板,实现了低成本,又呈现出生态效果的面貌。这是较为适度的现代小品空间融入古村落的较成功案例。

三峰村聚落文创景观局部一

三峰村聚落文创景观局部二

三峰村聚落文创景观花墙

三峰村多肉种植玻璃棚一

三峰村多肉种植玻璃棚二

三峰村聚落文创景观局部三

三峰村聚落远景鸟瞰

三峰村聚落文创景观局部四

前洋村聚落远景鸟瞰一

双溪镇前洋村

　　前洋村坐北朝南，在偏远的山坡坳地分两处营建，一处古村高差较大，街巷基本是以山路台阶沟通上下，宗祠居中，横向以里坊串联各家各户。另一处隔着一个小山岭，民居在各自合适的台地上组团营建，还有几家零散的住户，分散在公路一侧。这是由张氏族群在七百多年前肇基的聚落，是典型的山地聚落类型。前洋村基本无可见溪流，仅在最低处挖一个池塘，收纳雨水，这也是风水规划营造的产物，是典型山地聚落类型的普遍做法。

　　前洋村目前已成为屏南县传统村落文化创意产业发展基地，也是复旦大学"古村落的保护与发展"课程的实践基地。在张勇老师的带领下，复旦大学师生以古村三合院传统建筑为载体，分别改造设置了前洋书院、中外古陶瓷博物馆、聊斋竹编艺术馆、书画馆及影像馆等文创空间，还设有复旦大学的师生实践基地。乡村振兴任重道远，大学在地设置乡间课程是有益的尝试，长期坚持自有收获。

　　前洋村 2016 年入选为第二批福建省传统村落，2019 年入选为第五批中国传统村落。

前洋村聚落航拍总平面

前洋村聚落远眺一

前洋村聚落近景鸟瞰一

前洋村聚落远眺二

前洋村聚落远景鸟瞰二

前洋村张氏宗祠巷道

前洋村民居文创一

前洋村民居文创二

前洋村聚落远眺三

洋村文创空间一　　　前洋村文创空间二　　　前洋村文创空间三　　　前洋村文创空间四　　　前洋村文创空间五

前洋村聚落近景鸟瞰二

前洋村聚落山地街巷组图一

前洋村聚落古村远眺

前洋村聚落山地街巷组图二

厦地村聚落航拍总平面

厦地村聚落近景鸟瞰一

厦地村聚落远景鸟瞰

屏城乡厦地村

　　随着交通体系的骤变，古代用脚步丈量大地的模式被车轮代替，厦地古村就是在这种骤变中被完整保留下来的。国道下面是厦地古村的核心区，公路两侧从新中国成立后就开始有了粮站等石砌建筑，之后在上游又建了新村，民居空间宽敞，基本也是采用土木结构的三合院模式，只不过布置较为随意。

　　厦地村是屏南屈指可数的小聚落，这是郑氏从前汾溪迁移上来的一脉，肇基于元，成形于明，曾是屏南四大书乡之一，属典型溪流山地类型聚落。厦地古村地势落差有三十多米，宗祠坐北朝南，坐落于中腰石坪上，溪水环绕，川流不息，水尾及周边山岗梯田层叠，老柿子树遍布，形成一幅天然园林图景，是摄影家秋季摄影的必选之地，在这里拍摄的作品曾屡获大奖。夯土民居围绕郑氏宗

祠营建，小街巷里坊曲折通联其中。聚落三面环山，以郑氏宗祠为中心向左右两翼发展，格局如凤凰展翅，宗祠前后左右分成四条台阶街巷，之间由多条小巷道紧密连接各户，四条主街巷有寨门通往村外，水头、水尾各造一石拱小桥，中间溪流横跨条石小桥，保证古道的畅通，两侧随溪流设置商铺，一应俱全。

如今厦地村已然成为"网红"村落，最早有"森克厦地"文创团队，在程美信老师带领下驻村复兴厦地，后来有"先锋厦地水田书店"入驻水尾，还有"鱼羊木木工坊"等工作室落地，使得厦地变得逐渐热闹起来。

厦地村 2014 年入选为第三批中国传统村落。

厦地村聚落局部鸟瞰一

厦地村聚落近景鸟瞰二

厦地村聚落局部鸟瞰二

厦地村聚落局部鸟瞰三

厦地村聚落局部鸟瞰五

厦地村聚落近景鸟瞰三

厦地村聚落局部鸟瞰四

厦地村聚落局部鸟瞰六

厦地村聚落景观

厦地村水尾石拱桥

厦地村聚落街巷一

厦地村聚落街巷二

厦地村聚落街巷四

厦地村聚落街巷五

厦地村聚落街巷六

厦地村聚落街巷七

厦地村聚落街巷三

厦地村民居建筑

厦地村儿童游乐场

厦地村聚落街巷八

厦地村聚落街巷九

厦地村郑氏宗祠

厦地村郑氏宗祠室内

厦地村文创空间

厦地村图书馆

北垱村聚落航拍总平面

北垱村聚落局部鸟瞰一

北垱村聚落鸟瞰

黛溪镇北垱村

　　这个古称"八淀"之地，后来演变为吴氏北垱聚落，建村历史有七百年之久。北垱村聚落空间宽敞，一条清澈溪流呈"S"形蜿蜒而过，较宽的溪流两侧布满土木建筑，东岸是核心街巷，一律坐东朝西，面向溪流，在缓坡上营建一处上百年基业，属上乘临溪聚落类型。北垱村里坊街巷完整，古道穿村而过，青石板路如鱼骨贯穿，衔接着郑公平梁廊桥处的水尾而出村，在风水边界外的水尾拐弯处，西岸又形成一组民居群落，其余是在吴氏兴旺之后和平年代建造的离散式民居群。这种人居空间核心区总是以宗祠或老祖屋为核心，聚落四周防御体系完整，北垱村由富户护卫，如同里汾溪，同样建有多处炮楼做防卫。

　　北垱村水质甘冽，有酿酒传统，在村落核心有一处六角古井，常年满溢如宝盆；古街巷四通八达，两纵四横构架，在里坊秩序中，随着坡势逐渐占领每一个山脚空间；而三合院是人居不变的主题，山墙复山墙，佛仔厝在其中最为精美。如今北垱村被打造为"黄酒+文旅"特色文创聚落，活化利用夯土民居建筑，改造创新主干街巷多处民宅，或作民宿，或作酿酒工坊，整个聚落清新整洁，一派欣欣向荣。北垱古村有诗咏叹：清溪如带水平流，眠象伸牙挽欲留；濯足濯缨堪自适，卜居疑作武陵州。

　　北垱村2014年入选为第三批中国传统村落。

北垟村聚落局部鸟瞰二

北垟村聚落局部肌理

北墘村聚落水尾廊桥内部

北墘村吴氏宗祠

北墘村活化民居

北墘村聚落临溪风雨廊

北墘村聚落六角水井

北墘村聚落里坊制街巷一

北垱村聚落里坊制街巷二　　　　北垱村聚落里坊制街巷三　　　　北垱村聚落水尾廊桥

北垱村聚落里坊制街巷四　　　　北垱村聚落里坊制街巷五　　　　北垱村聚落里坊制街巷六

北垱村聚落里坊制街巷组图

里汾溪徐家大院远眺

二、传统民居

　　屏南传统民居是典型高山丘陵民居建筑，由于古代交通与地块的客观限制，难以出现规模化的城镇体系，相应的小聚落更是在寸土寸金的地块腾挪坡地或盆地，在这里，三合院单元式集中化的集聚人居环境是首选。其次，在有限的土地上随物赋形，出现典型的异形山地土木建筑，往往这种民居建筑在被迫中产生的营造智慧使得三合院模式相形见绌。这些异形民居一般建在边缘地带或商业核心区，不管如何异形，都围绕一个端方厅堂，将之作为礼仪或生活中心。

　　高山丘陵民居建筑形态由于生存气候与营造文化的稳定，在鹫峰山脉一带成为流行模式，特别是在高海拔山区屏南发挥了最为灵敏的适应性。在屏南，大型的多进院落民居少见，大多是雷同的小三合院单元的不断复制，

在这种简易土木建造手段的操控下，聚落形态变化多端，最大化地容纳各个血缘族群的抱团模式，这是农耕社会实现自我价值的最明智选择，特别是在福建这种移民史实不断发生的地域。屏南传统民居建筑最大特色就是简易成群，典型民居在其基本三合院模式上，不外乎再做一进，或做更多的雕梁画栋等文教工艺，强化耳濡目染的教化场所，以期百年基业千百年的传代屹立。

　　这里特别列出传统民居活化利用的若干案例。在千年古村落凋敝的危机时刻，靠山吃山、靠水吃水，屏南人利用民居建筑及村落天然园林环境，抓住文创振兴之风，让人耳目一新。虽筚路蓝缕，然未来可期，当下，屏南人正在披荆斩棘，开拓出一条乡村振兴的新路，越走越有自信，老村民回流，新村民入驻，村居生活越来越兴旺。

徐家大院近景鸟瞰

典型传统民居建筑

里汾溪村徐家大院

经过七姓族群演化后，清末徐氏在里汾溪独自壮大，远近良田千亩，其中一支血脉家大业大，在村落水尾一侧溪岸形成一处自成体系的大院。这处民居建筑群实质是一个小型聚落，四角有坚固夯土炮楼，周边除了民居山墙连续之外，还有一圈完整的夯土围墙作防御。徐家大院核心区采用里坊制格局营建，先后建成五栋完整三合院、一处绣楼及四座炮楼，最前排、在防御体系外的三栋民宅是新中国成立后所建。大院民居群一律坐西朝东，虽说自成体系，但在徐氏祠堂节点处仍有围墙与徐氏古村紧密联系，从围墙遗址可考古出一圈整个聚落的人居边界。

从祠堂一侧的坊门与炮楼结合处的门楼进入，顺着主干巷道，要穿过两个坊门，出了对角的门楼，就来到宽敞的溪岸边，在这里，抬头可见高可参天的笔直古松风水林，院内有两栋紧挨的大宅就是清末民初孕育徐式圭与徐式庄两位屏南大才子的地方，其中一栋大宅里设有大型谷仓，一侧有供读书的阁楼，还有园林式的池沼等人文场所，可惜如今仅存石构件。西南角的炮楼依然坚固，三层桢榦夯土墙错缝层叠，内部有四五层木结构与夯土墙共同承重。炮楼夯土立面与一侧绣楼的粉白曲折夯土山墙，夯土工艺精良，相映成趣。

徐家大院临溪情景

家大院航拍总平面

徐家大院夯土碉楼一

徐家大院夯土碉楼二

徐家大院桢榦夯土山墙

徐家大院里坊制街坊寨门

徐家大院民居建筑大堂一

徐家大院民居建筑门厅

徐家大院民居建筑大堂二

徐家大院民居建筑大堂三

徐家大院夯土碉楼远眺

徐家大院里坊制街巷组图

双溪古镇盖屏户（张宅）

　　清乾隆年间，屏南建县之初，双溪县衙所在地的张氏一族是全县首富，故称"盖屏户"。在古县衙一侧，张氏逐渐在寸土寸金的商贸重地盖起了最有规模的院落组合，最终发展出五六栋合院民居，还有一座高墙围合的园林式读书场所。这组民居群不是一蹴而就的，而是在不断买卖土地、兼并的过程中成形的，也因此，其空间形态是见缝插针式逐步完善的，各个单元相对独立且有机联系。总体形态端方，甩出的书斋园林空间被拉扯为异形，但礼仪秩序依然稳固不变，保持与古镇文庙、城隍庙朝向一致。

　　双溪这处张宅内部空间如同迷宫，相互关联又独立，刚入户门会找不到北，游走完毕，才会豁然，各自门户与各自天井，在礼仪秩序中，填补各个角落空间。若由乾隆后期建的最大一处院落进入，会看到一座有门厅的合院，尺度最大，屋宇轩昂，再顺着中轴线走到窄长后天井，从两侧石门进入，又来到两处院落，两院落均是两层阁楼，五开间，各有一处天井。这是一处乾隆早期建造的双重天井院落式建筑，二层是后来改造加建的，与后期前院大栋五开间建筑连为一体，作为女眷绣楼，整体成为两进。可见，这种营建是在动态的改造中，不断形成前堂后寝的典型汉人民居空间。亦如程美信老师当下的改造：在号称第五立面的传统屋顶加了类似老虎窗的形态，打破固有格局，满足通风采光的实际需要。第二轴线也在张氏人口不断增长的节奏中，形成一侧的两重院落，先有后院，再有前院；后院左侧还连着一栋住宅，前方斜着布置宽敞的书斋园林，与第二轴线的前院相通；书斋前后通畅，是张氏最早落脚地，想必当时这里花卉林木怡情，是文人雅士会客的佳地，这在屏南双溪应该也是独一份。

　　这处民居建筑群山墙建在张氏盛期，五层叠落的高大山墙勾勒着双溪古镇的天际线，显然是搬来徽派主流文化的象征符号提升身份。这种徽派封火山墙的身份化象征符号，在当时东南沿海一带非常流行，甚至远在孤悬海外的平潭岛石头厝也采用这种山墙立面。双溪张氏不随屏南大部分民居"蜈蚣背"地域风格山墙，而是采用这种徽派大地域流行风格，是自然的事情。由此可见，一个真正地域建筑风格或建造语言的出现，必定与当地的经济水平、小地理气候环境及在地工匠经验有着直接关联。

张宅民居建筑群近景鸟瞰

张宅民居建筑群航拍总平面

张宅民居建筑测绘图（戴志坚提供）

张宅民居建筑"凹"型围墙

张宅民居建筑徽派风格山墙

张宅民居建筑二楼大厅

张宅民居建筑群局部鸟瞰

张宅民居建筑天井

张宅民居建筑书房

张宅民居内部组图

张宅民居建筑跳拱及挡溅墙

张宅民居建筑大堂木构架

张民居建筑木构架组图

张宅民居建筑木楼梯造型

张民居建筑轩廊

周宅民居建筑近景鸟瞰

双溪古镇周宅

历经千年的演化，在双溪古镇核心里坊街巷里，周氏在不规则的金贵地块上花开并蒂，营建了两座三合院。不规则地块塑造不规则的民居建筑形态，侧面"蜈蚣背"山墙叠落，夯土肌理夹杂着宋元瓦片，这是繁华地带就地取材，在经年累月的翻造基础上造就的可供考古的民居墙面。这种古老的夯土技艺遍布屏南，是当地营造历史的见证。

周宅两处院落共用一处大门与街巷相通，经过巧妙共有前院的过渡，三个大门刚好错开；右侧院落大门轴线秩序对称，左侧院落门楼刚好在一短边墙体旁设置，再斜入一不规则前院，然后是端方门厅。这个空间富有园林曲

径通幽的情趣，同时不失端方礼仪秩序的主调营造。

当然，这是在有限地块进行最大化生活空间营造罢了，这种营造智慧特别体现在周宅一侧不规则边院的围合上，以及细窄后院天井空间里，这些都是空间营造智慧在传统民居建筑中的应对。这种营造现象大量出现在山地聚落类型的屏南传统民居建筑上，有的甚至在较陡坡地上运用搭建方式建造，在一楼以夯土承重或围合，二楼以纯木构搭接，再伸展出端方的空间，其巧妙令人叹为观止。

周宅民居建筑航拍总平面

周宅民居建筑二进门楼

周宅民居建筑一进大门

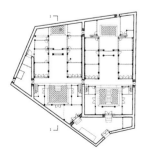

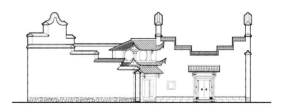

周宅民居建筑测绘图（戴志坚提供）

周宅民居建筑"蜈蚣背"夯土山墙

周宅民居建筑室内一

周宅民居建筑内天井

周宅民居建筑二层回廊

周宅民居建筑天井一角

周宅民居建筑内院一侧

宋宅民居建筑大门

宋宅民居建筑航拍总平面

宋宅民居建筑门窗木雕组图

双溪古镇宋宅

　　双溪古镇是屏南清代以降的经济文化之核心所在，虽以手工业、工商业为主，然耕读依然是其内在主题。双溪古镇宋氏出过举人、贡士和进士，文化底蕴深厚，宋宅大门匾额书写硕大"文魁"二字，古风古韵突显，科举仕途主旋律扑面。

　　宋宅与乡绅读书人建宅格局基本一致，创建于清光绪年间的这座古厝，在繁华古镇依然保持了应有的气派，由朴质青砖大门入，过门厅轩廊，经高升台阶过天井院落，到大堂台地，左右二层阁楼，中间大堂高高在上，敞亮、简洁、雅致。这座古厝最为人称道的是眼前天井四周门窗上细致刻画的木雕，异常精美，无不颂扬儒家四书五经中的做人要义，烘托着一个家族读书氛围的深广与细微。

宋宅民居建筑大堂

宋宅民居建筑木构架一

宋宅民居建筑木构架二

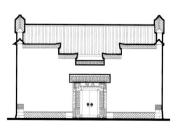

宋宅民居建筑测绘图（戴志坚提供）

甘国宝故居近景鸟瞰

小梨洋村甘国宝故居

　　这座台地错落的两层古宅是一代名将甘国宝的故居，位于聚落中心街巷内，古朴而简约，由门厅、前院、大堂及后院组成，总面阔五开间，前院台地、大厅前廊较宽，大厝右后方留有一处小园，呈不规则用地，总体呈长方形。甘国宝与漈下甘氏属同族血脉，这座故居始建于明末崇祯年间，后经历多次重修，现为县级文物保护单位。

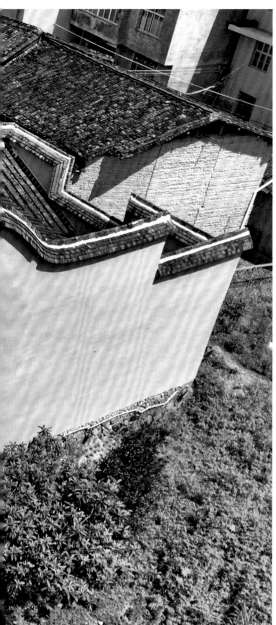

甘国宝故居前街巷局部鸟瞰

甘国宝故居前院台地

甘国宝故居入口台地

甘国宝故居大门

甘国宝故居内部天井

甘国宝故居二楼大堂

佛仔厝民居建筑门厅与天井

北墘村佛仔厝

北墘村山水环境一流，吴氏在溪流两岸营建居住环境长达七百年，清末出了一位乡绅，下功夫建造了一座标准的读书人家的大宅佛仔厝，这是高山聚落难得一见的精美院落。

佛仔厝两进五开间，标准坚固的花岗岩门框，门厅轩廊由两侧进入，大厅轩廊方柱挺立，通道两侧楼梯通向二楼，大堂高大敞亮，正中悬挂鎏金匾额"齿德兼优"。凡是柱身都有楹联，皆采自四书五经，典型读书人家的气场。大厝木构架结构用料讲究，雕梁画栋是标配。更为精彩的是大堂正前方，女儿墙上的灰塑、彩绘、浮雕、卷轴，或书写，或绘彩，或泥塑，栩栩如生，蓬荜生辉。这是屏南乡间古道聚落里难得的精品民居建筑。

佛仔厝民居建筑大堂

佛仔厝民居建筑灯杆托木雕

佛仔厝民居建筑木构插拱

佛仔厝民居厢房插拱

佛仔厝民居建筑门厅轩廊

佛仔厝民居建筑大堂轩廊与楼梯

甘氏大厝民居建筑大堂

漈下村甘氏大厝

　　从漈下村南端循着古街巷入村，右侧有一处深宅大院，是光绪年间甘氏营建的。据说甘氏曾拥有良田千亩，远近闻名，一代名将甘国宝未成名之前曾为其打工做事。甘氏大厝三进三开间，层层高升，进入前院，过门厅入中心天井院落，循两侧厢房连廊登高堂，大堂气宇轩昂，木构架用料硕大，做工讲究，由大堂望去，女儿墙檐口下有如绵延不绝的卷轴般、用灰塑彩绘展开的一幅绝美画卷，"福禄寿喜"四字点缀其中。进入后院，一排二层绣楼横卧。整座大宅保存完好，木构木雕简洁大气，大堂前特别做了围护栏杆。青石板台阶从门外到大堂，一路整齐铺砌。高堂之上赫然题写"五代同堂"匾额，一个家族的兴旺历历在目。

甘氏大厝民居建筑天井

甘氏大厝民居建筑大堂灯杆托木雕

甘氏大厝民居建筑门厅

甘氏大厝民居建筑大门

韩步衢古宅徽派夯土山墙

降龙村韩步衢古宅

　　降龙村聚落拥有完善的里坊街巷，特别是在韩氏祠堂核心区及茶盐古巷一带。韩步衢古宅位于祠堂下方右侧佳地，处于高差台地之上，古街侧身而过。韩氏古宅门前里坊坊门完整，小小巷道古朴整洁、层层递进，人居尺度适宜，环境绝佳。古宅山墙采用当时高大上的主流徽派风格，鹤立鸡群，与降龙村聚落常见的"蜈蚣背"风格山墙相映成趣，共同勾勒韩氏聚落的人居天际线。这种夯土山墙工艺扎实，再加上抹灰保护，粉墙黛瓦，可突出韩氏

一脉在这个聚落中的显赫地位。

　　百年古宅内部木构结构用料硕大，施作手法简洁利落；三开间清末时期建造的楼房，高堂轩廊，显示主人性格的干练风格。在门头或正前方"凹"型围墙上，均有彩绘，门头花岗岩浮雕饰以大红底色，门头之上华彩泥塑与二楼内部"凹"型围墙的青色彩绘形成上下、内外呼应。

韩步衢古宅大门

韩步衢古宅"凹"型夯土墙

韩步衢古宅祭祀大堂

韩步衢古宅大门彩绘

韩步衢古宅大堂轩廊

韩步衢古宅出烟孔一

韩步衢古宅出烟孔二

韩步衢古宅门枕石一

韩步衢古宅门枕石二

韩步衢古宅木构跳拱

韩步衢古宅大堂

凉亭路古宅航拍总平面

凉亭路古宅大堂

凉亭路古宅门厅描金书法一

凉亭路古宅门厅描金书法二

漈头村凉亭路 28 号

　　漈头村凉亭路主干街巷有座建于清中期的张氏古宅，两层三开间，外围形态随着地块边界呈不规则状，而内部木构结构规整端方，营造出和谐的住居秩序。漈头村是屏南远近闻名的历史大村落，也是古官道上的重要工商驿站，家家户户都比较富裕，类似现代的中产阶层，他们见多识广，追随主流时尚营造风格，故漈头村古民居比较多地采用徽派叠落山墙，这种似"五岳至尊"的山形风格符号想必是闽北富户的首选。这里的张氏古宅也不例外。张宅用青砖与花岗岩做精美门面，踏进门厅，左右书法卷轴雅致，黑底上的金色题字虽已破旧，但仍掩饰不住曾经的书香门第气象；大堂木结构简洁大方，各种斗栱雕饰精美，二楼运用灵活窗扇开向天井；整体氛围雕琢有度，不失典雅，虽已成空宅，但仍熠熠生辉。

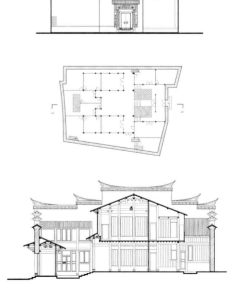

凉亭路古宅测绘图（戴志坚提供）

凉亭路古宅梁架木雕组图

漈头村旗杆厝

旗杆厝民居建筑大门及夹杆石

在漈头村溪头鲤鱼溪北岸，有门前立一排夹杆石的夯土民居，证明着这座张氏古民居中曾经有多人取得功名。尊师重教的主旋律在这个名门望族是自然发生的。

旗杆厝是康熙年间的夯土建筑，由于年代久远，现今只残留大堂，依稀可见其曾经的辉煌。大堂中央尊位悬挂"士林硕望"匾额，据说是当时知县题写的，是弥足珍贵的荣耀。大堂木构架结构工艺精湛，特别是匾额背后映入眼帘的连续双层斗栱，兼具承重与装饰双重作用；每个柱身几乎都题写楹联，黑底描金，字体俊朗，烘托出一派书香氛围。这是古人利用日常空间沁润教化的高明手法。

旗杆厝民居建筑大堂楹联

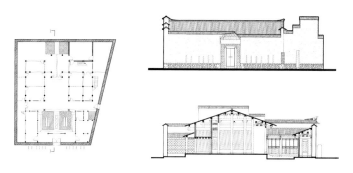

旗杆厝民居建筑测绘图（戴志坚提供）

旗杆厝民居建筑大堂

活化利用民居建筑

伴随着时代的千年变局，大量曾经护佑我们生活秩序的物质空间与人居环境进入不可逆的凋敝状况，有的甚至从此消失。中国独树一帜的传统民居建筑实质不是为现实生活的刚需、便利而存在的，至少不是像我们当下高楼大厦"方盒子"那样的存在。华夏传统民居建筑与自然人文环境在古人眼里同等重要。面对这种全面凋敝、空心化的聚落，我们除了让其复古以满足我们静态保护展示外，还能做些什么？至少在日常为用的感召下先用起来，继而系统地整理这种生态居住空间的独特高级文化属性与建造语言。

屏南县对古村落的活化利用走在全国前列。这里主要入驻文创团队的古村落分别是：林正碌先生践行"人人都是艺术家"理想的龙潭村与四坪村，程美信老师"森克义社"主导活化的厦地村与双溪古镇，复旦大学张勇老师设置"古村落的保护与发展"课程实践基地的前洋村，中国美术学院乡土学院植入的前汾溪村，还有网红先锋书店入驻的厦地村。这里精选的 19 个活化利用建筑案例，大部分用修补术在传统建筑中植入现代生活，有的在原有基地上重新翻盖创作，或复兴传统土木技艺，或采用轻钢与混凝土。选择不同于城市生活的人们，借助互联网与物流随时与城市关联，形成新的居住方式，在屏南县政府的推动下，探索"新村民"长期扎根模式。

四十七树美术馆正面鸟瞰

龙潭村四十七树美术馆

龙潭村这处山地民居处在聚落边缘，高低错落的台地分布得比较零碎，似乎是之前人们在梯田上建造房屋。在林正碌先生做彻底翻造之前，这里的屋舍已倾塌殆尽，仅留错落房基，还有疯长的四十七棵大大小小的笔直杉木。在重新翻造的时候，要考虑如何保留四十七棵树，同时还要照顾每个不同原有地基的严格界限。正是这些严苛条件使得在方寸之间的营造活动内涵了无穷趣味。

林先生喜好绘画，且有独到法门，正好可在此尽情发挥，带动零基础的人们参与。这个屋舍台地激发了林先生的不羁个性，如同明清造园，道法自然，尽情发挥中国人骨子里本有的汉族空间感知思维，随物赋形，以质朴的土木结构翻造出了全新的游园式空间，亦居亦玩，乐得自在，让颓废的残垣断壁场地脱胎换骨为一种现代文人栖居场所。

美术馆遵循空间原有肌理，分出东西院，进门向左拾阶而上，一路布置文创展室；在二层台地设置一处四面通透的大会议室，景色尽收眼底；再顺着廊子滑到一处豁然的露天台地，这里摆放休闲桌椅，露台衔接书屋、咖啡屋及宿舍，另一侧右拐有一处可供挥毫的书斋。出会议室往上，经过弧形走廊，曲径通幽，循着隐蔽台阶就来到后寝之地，这个较为隐蔽的院落围着天台，四周眼前有景的方位设置了高处全景屋舍。往后走还有个后院，设有后门，直通上山道路。四十七树美术馆的建造熟练运用园林手法，但又有别于江南园林的那种文人温柔之乡，而是一种带有野趣的生活味道，围绕着每棵树木腾挪方寸空间，不油漆、不做多余的装饰，纯木构间架顶着遮风挡雨的青瓦，自成一清净小世界。

四十七树美术馆大门

四十七树美术馆院落内景一　　　　　　　　　四十七树美术馆院落内景二　　　　　　　　四十七树美术馆侧面鸟瞰

四十七树美术馆航拍总平面

四十七树美术馆院落内景组图一

四十七树美术馆院院落内景组图二

四十七树美术馆院落内景组图三

四十七树美术馆会议室

四十七树美术馆室内内景组图

美术馆天井

龙潭村美术馆

　　龙潭美术馆位于溪岸一侧巷道上，是在一座三开间老房子基础上改造而来，基本按原样修补复原，采用传统木工的简洁做法，不做雕梁画栋，仅做结构的加固和屋顶的翻新以及安全性的改善，洒扫干净，就可以在房间、走廊悬挂美术作品，有的作品直接挂在土墙上，有的挂在木质隔板上，风格直率质朴。

美术馆作品展示组图

美术馆室内组图

美术馆大门

龙潭公益艺术教育中心

　　这是龙潭村最早由林正碌老师主持的一处美术教学场所。这座近代木构民居尺度比较大，坐落在古村边界之外的溪水下游，内部是带中心大天井的开敞空间，绘画者随意找地方支开画架落座，在安静有序的氛围中各自埋头涂抹。四周墙上挂着学员或村民最新创作的作品，几乎全是初学新手的，绘画材料免费提供。

教育中心大门

教育中心绘画情景组图

教育中心二楼天井

教育中心二楼绘画空间

教育中心内院天井

豹舍书馆室内一角

龙潭村豹舍书馆

  这个书馆是一位资深记者在龙潭村的落脚地,是龙潭村头一批入驻者,对于龙潭聚落的复兴功不可没。网名笔名"报大人",因此取名"豹舍书馆"。"报大人"文笔犀利,笔耕不辍,总有独到见解。这个书馆藏在龙潭里坊街巷的山坡台地上,是符合新主人性格的选址。这栋典型的三合院山房,进门是三开间浅进深的端方礼仪前厅空间,二层楼阁拓展空间,倚靠山崖从左侧山地石台阶可到二层,又是一重居住空间,二层改造为宿舍与书房。宅院尺度狭小,软装有度,或临天井,或靠石砌墙壁,山居怡情氛围;一层主要是公共空间的营造,大堂头顶悬挂"阅读是一座随身携带的避难所"牌匾,堂内布置餐饮设施及桌椅,辅以展示品及绿植摆设,还有一侧以书籍为主的柜台。整个书馆修修补补,营造手法直率,木工痕迹裸露,新旧融合,这几乎是整个龙潭古村民居建筑修补术的集中运用,是依靠当地工匠的传统做法,省时省力、省成本,在直率审美下做出一种文创姿态。这里前期是林正碌老师修补结构空间,后期由入驻者做个性打扮。这是在地工匠与当代自由文人直接磨合的产物。

豹舍书馆二楼书画室

豹舍书馆一楼阅读空间

豹舍书馆文创天井

豹舍书馆室内组图

龙潭村随喜书店及咖啡屋

在龙潭村西溪临溪岸边有两栋住宅,中间隔着石板路巷道,一栋规矩三合院更新为"随喜书店",一栋不规则、靠近水碓搭建的纯木构屋舍活化为"随喜咖啡",这是年轻夫妻入驻龙潭村的文创基地,他们也是第一批资深的"新村民"。随喜书店是用修补术进行直率地修修补补,在极大尊重原有格局的前提下,一层用木工做各种书籍空间与茶室的营造,大堂吊灯与小空间的细节设计具有独特创新,特别是绕过大堂,进入后院,往上曲折空间的营造;二层阁楼植入卫生间的同时,分出三间客房:"见书""半书""隐书"。正如新主人曾伟所介绍,这是一处集看书、绘画、写字、泡茶于一体

的书店民宿。

临溪园林般的纯木构三层屋舍似天然亭榭,更新为咖啡屋最适合。踏进屋舍,右侧是吧台,前方大面积开窗横向收纳村落美景,临窗布置几组双人休闲桌椅;一侧可下楼,外出到水碓处,再到溪边濯足濯缨,一派江南秀美气息。女主人这样介绍:2017年来到龙潭村支教,支教结束留在龙潭村创业,认领了"随喜书店"和"随喜咖啡",看书、泡茶、泡咖啡,新村民新生活就这样开始了。

随喜咖啡屋室内一

随喜书屋一角

随喜咖啡屋室内二

随喜咖啡屋室内三

随喜书屋文创大堂

龙潭村闲潭居

在龙潭村西溪上游有一栋清末时期陈氏老房子，这是标准的二层三合院式民居。由于它是聚落上游第一栋民宅，靠近水头庙宇，依靠山坡，独处一处，占地较大。这座偏远山谷少见的大宅，远看人字形夯土山墙具有标志性，山墙一侧随机开凿若干采光窗，前门入口处围合一不规则且狭窄的前院巷道。巷道上部用木构搭建，伸出一屋舍，面向溪流，与斜向夯土围墙形成上下叠拼形态，一重一轻，一正一斜。这种拓展空间具有土木建造的巧妙智慧。这在屏南高山里坊有限空间体系里时常出现。

闲潭居是福州的新主人在这里活化利用的居所。这座老宅保存基本完好，建造工艺一流，用料扎实，新主人只是修补整理一下即可，然后布置软装与内饰，就成为一处隐于山水间的深宅大院。这座宅子改动较大的是一侧较宽敞台地院落，用青瓦花墙在台地边缘做隔断，然后在二层高处台地搭建一个室外横向廊屋，院落种植花木，生机盎然，一改以往空置的颓败景象。

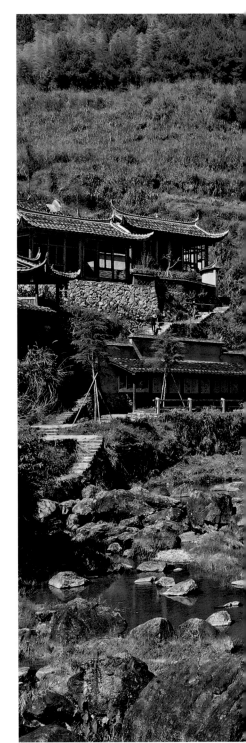

闲潭居民居建筑现状鸟瞰

闲潭居民居建筑原貌

闲潭居活化利用院落

闲潭居民居建筑夯土门洞

居民居建筑大门　　　　　　　　　　闲潭居民居建筑二楼美人靠　　　　　　闲潭居民居建筑大堂

八扇厝民居建筑正面现状

龙潭村八扇厝

龙潭古村是典型的山地与溪流二者兼备的聚落，古时房屋仅蜗居在溪流两岸的坡地上，这里有安全的保障，也有山水文化允诺的边界。八扇厝就坐落在核心聚落的临溪佳地上，背靠山岭，三合院七开间一字排开，所谓"八扇"，扇是指开间的隔断墙体，这是在东南一带常用的称谓。这个八扇厝主体两层，局部三层，在木结构极度衰败的状态中，运用直率的修补术，被再

次脱胎换骨般唤醒。来自南京的女作家雷洛女士领养了这处老宅，她最特别的做法是把大门左右的临溪台地空间进行利用改造，或作民宿，或作临溪亭榭书吧；大门前的过渡空间曲径通幽，台阶右拐，有矮墙影壁围护，层层而上，屋舍俨然；一层设吧台，开敞为公共活动空间，二三层保持原有格局做民宿。这是龙潭头一批入驻"新村民"的典型。

八扇厝民居建筑原貌一

八扇厝民居建筑原貌二

八扇厝民居建筑临溪休闲空间

八扇厝民居建筑活化大堂

八扇厝民居建筑临溪大门台阶

八扇厝民居建筑一楼音乐吧台

八扇厝民居建筑二楼室内

八扇厝民居建筑天井

八扇厝民居建筑休闲空间

其祥居民居建筑现状鸟瞰

龙潭村其祥居

　　这是龙潭村发展中期溢出上游古村，再扩展到下游水尾的较大型夯土民居建筑，主体是民国时期建造的三合院。这个时期的民居建筑一般两到三层，体量高大，尺度宽敞，是这个时期的典型；其山墙采用经典的"蜈蚣背"当地流行造型，与龙潭村大多采用的"人"字山墙不同。这座"其祥居"宅院由于是水尾最后一座，用地比较富余，宽大的轴线对称主体建筑，附带一处三角地块做附属用房。这处改造力度较大，一楼围合不规则天井的同时，再做二楼住房，四周连续开窗，尽收山水田园风光，门厅用作乡村音乐厅。正面主体民居建筑二层，局部三层，大三开间，前后大天井，外加一后院；大

门从街坊进入，左侧厢房改造为木工工作室，右侧为休闲区，向外凿土墙做拱形临溪观景窗，采光得到极大改善；二三楼用作民宿，接待游学团体。这处大宅院是武汉来的"新村民"的驻地。他们充分利用面向水尾的田园景观，大面积开窗，大胆加层扩建，灵活处理三角地带空间，使得屋舍空间层次尺度宜人，为现代人提供舒适的文创乡间生活外，又保持原有土木建造形态。这是在原住民自造基础上的新村民自改，全程没有职业设计师的参与，依靠当地匠人，是纯粹来自生活的空间营造。这种建造行为千年如一日，每个聚落无不是这样建成的。

其祥居民居建筑文创空间组图

其祥居民民居建筑休闲空间一角

其祥居民民居建筑文创大堂

静轩民居建筑大门与街巷

静轩民居建筑书画室

静轩民居建筑绘画展览

龙潭村静轩

　　这处"静轩"文创民宿在高差较大的山坡台地上。三合院阁楼式住宅，在入口处上一个较陡的石台阶，然后登堂入室；内部空间狭窄但功能齐全，在楼上可收获全村景观，特别是林正碌先生设计在最高处抬升局部屋顶的做法，使得古村美景尽收眼底。这是与当地工匠一起实现复原修补术的空间创新。这个修补术最大地发挥了木结构灵巧而便捷的做法，在这个狭小山地民居建筑里做方寸文章，亦如造园手法，巧妙地进行空间腾挪：往前伸展拓展空间，往后收拾台地与山体石壁衔接。"静轩"在阁楼上分别设有"望黛""曲径""西来""幽鸣"主题民宿房间，公共空间随机设有茶居、展室及书房等，巧妙利用原有格局的同时，优化结构、增加采光及提升情趣，这是最早修复使用的龙潭古宅之一。

静轩民居建筑文创空间组图

酉博馆民居建筑大门与巷道

酉博馆民居建筑黄酒展示

酉博馆民居建筑酒文化吧台

酉博馆民居建筑文创天井

龙潭酉博馆

　　龙潭水质优良，酿出的酒自然更加甘洌爽口，远近闻名。龙潭黄酒博物馆就是最有特色的文创主题馆。当地村民在这里做门口生意，利用网络将黄酒销往外地。这座民居建筑在西溪一侧临溪而建，出门即可汲水洗衣，门前以里坊隔墙与溪流分隔，右侧自古有一平梁青石板桥横跨两岸，左侧穿过坊门在溪畔可循阶而上；进入老宅大门，可看到典型三开间三合院单层夯土民居，厅堂堆满酒坛，左右房间或用来品酒或用作展示；从侧门穿过可到一侧附属用房，被活化利用为吧台及展示区，还有一进院落做"摔碗酒"民俗活动；出门是一处较大池塘，古老的石板路在池塘与溪流中间穿过，古朴自然。相对来说，公共功能空间比住宿休闲功能空间修复起来更为省事，只要修修补补，整洁干净，再加上合度的主体文创软装布置，即可成形、入驻。

酉博馆民居建筑文创空间组图

四坪村屏南乡村振兴研究院

乡村振兴研究院室内展墙

　　要乡村振兴，空间中的物质营造文化是落脚的主体，如同穿衣，屋舍在山水间给和乐生活的人们量体裁衣，含纳天地万物。同时，良田随着人口增长不断被开垦，梯田层层，围绕屋宇。有住有粮，可成就一个家族的百年基业，这是乡村振兴的主旋律。温铁军老师在危机意识中，不断深挖近代以来中国的七次大危机，结论是乡村承受与化解了无限的压力，使得我国国际化的资本城市运动快赶上美国等资本主义国家了，而在危机重重的前进道路上依然有大后方的乡村在默默地承受着一切。在温铁军老师的感召下，位于四坪的这座屏南乡村振兴研究院来得及时，这是一座接地气的研究院，目前合作引进了"小毛驴"市民农田团队。

乡村振兴研究院文创大堂侧面

乡村振兴研究院文创大堂正面

乡村振兴研究院建筑立面

"掬月"文创居所天井

四坪村"掬月"

　　四坪村在一个山坳的坡地上，面对较大山谷，眼前群山连绵，是山岭古道的交汇之地。在聚落低洼处、池塘边的进村古道上，一个山地民居建筑建得高低错落，微小如园林建筑，围着天井展开，或台阶，或楼梯，联系着各个端方屋舍楼阁。

　　自从当代文创产业兴盛，四坪村引水进村，结束了该聚落无天然溪水的历史，平添了宋画里才有的山水园林意境。同样，这座池塘边的山地老宅也是林正碌先生与当地工匠进行的一场直率拯救，搭好干净利落的木构屋宇，之后有个有情怀的女士领养了此处，并称作"掬月"，进一步装饰为工作室，营造一处乡野生活蜗居。

"掬月"文创居所室内一

"掬月"文创居所招牌

"掬月"文创居所室内二

水田书店远景鸟瞰

先锋厦地水田书店

溢出聚落边界盖房基本是民国后期或新中国成立后的事情，这处厦地村溪流下游田间独立于世的夯土民居，就是这样的存在：脱离山地聚落边界，只留三面夯土墙的精确躯壳，是如金蝉脱壳般遗留的产物。

南京"先锋书店"创始人董事长钱小华独具慧眼选中这里，留学归国的华黎建筑师来到这处残垣断壁地块进行建筑设计。他采取柯布西耶式西方经典现代建筑语言与传统脆弱存在的物质现实进行对话，在审美上给世人以强烈的观感刺激，将密斯或赖特流动空间的理念植入这处保守的夯土墙围合空间。建筑师采取这种手法显然兼顾了保护情操与创作激情，这也是当代新锐建筑师留学回来的惯用手法。钢筋混凝土的厚重替代了古老木构架的轻盈，建筑师运用混凝土"粗野主义"的可塑性，将清水混凝土与夯土墙进行若即若离的接触，从而碰撞出侧面的贯通天井，阳光洒下的那一刻，这里像极了赖特一生追求的博物馆展示效果。这里在展示夯土墙体的原生朴质美感，采用波普式的后现代布景方式。这时，夯土墙仅是围合，而强壮的清水混凝土和如雨伞般打开的钢构屋顶撑满两层空间。随机布置的书架、书柜，围绕着核心楼梯营造沙龙课堂空间；粗壮钢管圆柱支撑着轻钢屋顶伞盖在水田之中思索。此时，书籍不再是主角，它只是引起这个消费事件发生的扳机罢了。

突破需要勇气，建筑师在突破，从倒塌的后墙伸出悬挑的钢筋混凝土咖啡厅，悬于稻田上空，三面以透明玻璃围合，如布景般让人观看消费生活，制作咖啡者与喝咖啡者正是即兴演员。营造这种场景只有混凝土属性可以办到。这是一处半翻造的纯现代造型建筑，破茧而出地在思考中国建筑设计语言何去何从的当代难题。

水田书店航拍总平面

水田书店前院文创空间

水田书店大门

水田书店招牌

水田书店背面造型

水田书店正面原貌

水田书店全景休闲空间

水田书店开张留念

水田书店近景鸟瞰

水田书店阳光天井夹缝一

水田书店屋顶钢结构造型

水田书店阳光天井夹缝二

水田书店沙龙空间

水田书店阅读空间一

水田书店阳光天井夹缝三

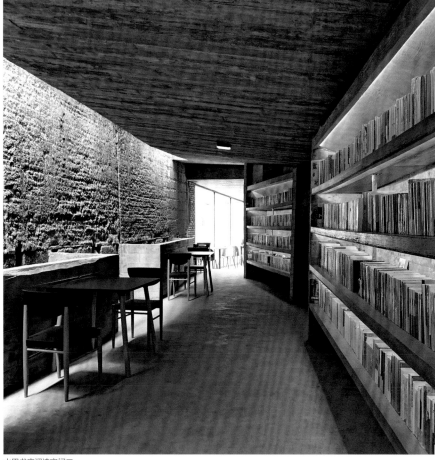
水田书店阅读空间二

水田书店阳光天井夹缝四

厦地村咖啡屋

这座三合院老宅应是清末民初的建造风格，三开间两层，前后天井，入口门厅，上下厅堂，方方正正。厦地村是典型的山地兼具溪流类型聚落，这座宅子在古道商街的核心位置，门前就是石台阶小商街，往下走过桥即可出村，往上左拐有石拱桥衔接古道，右拐就是祠堂前院的风水池沼（后来改为篮球场、硬化为停车场），绕过郑氏祠堂的人工风水水系从这座宅子墙根流下，汇入门前天然溪流，宅子方位与祠堂取得一致。

程美信老师的"森克义社"团队很早入驻厦地，用修补术拯救了不少厦地土木民宅，这是其中一座，并活化为咖啡屋。程老师是美籍华人，祖籍安徽，有北欧居住经历，常在屏南冬冷夏凉的老宅内植入西式壁炉，以缓解屏南冬天湿冷的室内氛围。这处咖啡屋公共建筑没有设置壁炉，仅是修补，再植入业态，完善采光、安全及功能需要，使得这座老宅焕然一新，开窗即可欣赏厦地乡村美景，是一处留得住情怀的好去处。

咖啡屋文创大堂

咖啡屋木构架

咖啡屋夯土原貌

咖啡屋二楼休闲室

咖啡屋一楼吧台

羊木木工坊文创天井一

鱼羊木木工坊文创天井二

羊木木工坊休闲侧院

厦地鱼羊木木工坊

　　厦地村是袖珍式山地聚落，原住民迁往山坳之上的公路两侧，古村才得以完整保留。自从前汾溪郑氏一脉在祠堂所在的大岩石上肇基后，民居方位走向严格按照风水格局，使得山地等高线出现可入画的山墙层次，这里营造没有按我们惯常所认为的，民居建筑大门需朝向视野开阔的下游方向。如此，在厦地聚落的最低处边界，民居山墙矗立在水田一侧，与老柿子树相映成趣，成为一景。鱼羊木木工坊团队入驻的这处较大宅院就在聚落下游边界，山墙高大，改造时顺势打破保守的山墙，大胆横向开窗，收纳景观，采光、通风一并解决，再拓展整理原有用地，做户外附属院落，活化为一景，一改原来颓败萧条情景，与"水田书店"遥相呼应。

羊木木工坊近景鸟瞰

实践基地航拍总平面

前洋村复旦大学实践基地

　　前洋村是典型的山地聚落，由于空间有限，聚落发展出三块，早期核心区那块见缝插针般地在里坊民居群里做了些展示类的活化利用，设置了中外古陶瓷博物馆、聊斋竹编艺术馆、书画馆及影像馆等文创场地，大多采用修旧如旧的老办法，在低成本与保护利用的前提下改造老屋。后期在小山岭一侧发展出散点布局民居建筑群，没有完整的街巷，但视野开阔，组团生活形态，复旦大学张勇老师团队主要在这里对老宅进行改造提升，以满足他们"古村落保护与发展实践"基地的需求。

　　前洋村实践基地由三组六栋夯土民居改造提升而成。从古村出发，转过小山岭，循着台阶路来到有台地的山岗上，屋舍俨然、梯田层叠，一派田野风光。这几组屋舍前后左右自由错落布置，眼前这组由前面五开间建筑与后方三开间建筑组合，前方这栋顺势用钢架拓展出前院休闲空间，立面挖洞做玻璃窗，内部二楼开老虎窗；后面一栋是工作室，一侧利用台地关系，顺势做出天台。再顺着田间小路绕道至中间这组民居，四栋联排，目前只活化利用一侧的两栋，这两栋为了满足居住需求，改造力度较大，同样扩展前院，在前院又立一个入口空间，这是二楼"凹"型夯土墙破掉之后做的阳台，显然是西式手法，纤细的铁制栏杆与后方屋顶上大面积开的老虎窗也是用这种手法风格；在山墙一侧，拓展出一层附属用房，之上顺便做可走出的露台，同时，为了收纳乡野景观开了大面积落地窗户。往下这组也是两栋的组合，几乎只是修修补补，作为文化活动的功用存在，一般都是拆些隔板，打通空间，再加上各种文创的软装来烘托氛围就可使用。

　　前洋村复旦大学实践基地每年暑假举办活动，也策划了几次国际性研讨会，使得无人问津的小山村走向世界。

实践基地近景鸟瞰

实践基地挂牌

实践基地书院前院

实践基地教学宿舍

实践基地教学宿舍老虎窗

实践基地工作室院落拓展　　　　　　实践基地教学宿舍侧面露台　　　　实践基地工作室一角

实践基地教学宿舍休闲吧台　　　　　　　实践基地工作室文创大堂

实践基地工作室二楼及天井

实践基地宿舍室内组图

实践基地书院鸟瞰

实践基地书院亭榭

实践基地书院组图一

践基地书院二楼文创大堂

践基地书院组图二

栖遲园大门

栖遲园门厅

栖遲园天井及大堂

北墘村栖遲园

　　在北墘村曲折石板路的主干街巷上，有一座院落宽敞的住宅。这座吴氏古宅用料硕大，大堂少有的宽敞，两侧两层楼房，轩廊设置楼梯，回望大门，设有风雨门厅，两侧厢房围合，右侧后方建有阁楼，住房面积较大。

　　屏南县政府引进入驻团队打造北墘酿酒文化主题，聚落这处栖遲园就是一个上海规划设计团队做的落脚地与样板房。这个团队运用专业的修补术，一楼设置公共休闲空间，或议事或进行文创活动，而后院破掉后做茶室休闲区，前后天井做园林化池沼。有趣的是，古人在这里费尽心思排水，而我们当下却截留雨水，营造精致生活情调。这种手法已在大江南北流行起来。二楼在解决卫生间实用问题的基础上，植入民宿要素，铺设床铺，软装装饰，或拆或隔，最大化利用空间，给客人营造舒适的生活氛围。

栖遟园开敞后院

栖遟园后院巷道文创空间一

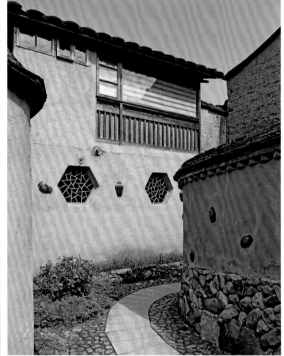

栖遟园后院巷道文创空间二

园室内组图

园木构架

栖遟园楼梯

乡土学院局部鸟瞰

前汾溪村中国美术学院乡土学院

　　这处乡土学院是在前汾溪公共粮站基地上做的更新建造，只留青砖仓库与部分夯土墙。这处粮站原有两栋建筑，一座青砖库房建筑，一座有"蜈蚣背"夯土山墙的民居形态建筑。来自中国美术学院的设计团队有留学经历，可能受美国"白色派"影响比较深，故多使用轻钢结构，涂上白色涂料或安装半透明玻璃，除了中间青砖粮仓维持原样外，白色无处不在，甚至屋顶全部使用白色薄钢板。这是一次大胆的设计实验与转化，几乎不受周边任何现有的人文聚落环境限制。

　　这也是一次园林手法在乡村的转化行动。从曲折入口开始，简洁白色片

墙与翘起的轻盈屋顶在轻质钢架下围合序列空间，下了台阶，一个连续的轻钢风雨廊在不厌其烦地缝合着三座建筑间的空隙，这是用了游园手法。三座建筑，河畔是在老建筑上用钢结构改造的学生宿舍；中间的青砖粮库几乎原封不动，改做展厅与活动场地；一座保留了几片夯土墙体的民居，用硕大钢结构改做餐厅与工作室，为了在一侧做出白色露台，"蜈蚣背"山墙不再保留，只留下面一段夯土墙做隔墙。这是一次近乎彻底的改造与植入，这也许就是我们这个时代特征在乡村的延伸。

乡土学院航拍总平面

乡土学院夯土招牌

乡土学院入口院落

乡土学院入口

乡土学院"廊"意向空间一

乡土学院"廊"意向空间二

乡土学院"廊"意向空间三

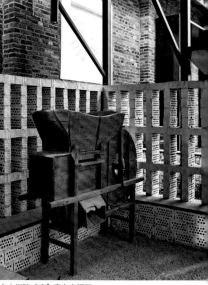

乡土学院"廊"意向空间四

乡土学院"廊"意向空间五

乡土学院餐厅

乡土学院改造现场

薛府局部鸟瞰

薛府航拍总平面

薛府主轴线二进院落秀楼

薛府临街轴线大门

双溪古镇薛府

　　薛氏是双溪古镇中的一个大家族。薛府坐落在镇区主干街道上，占地面积较大，地位显赫。薛府由两栋建筑组合而成，主体建筑三进三开间，徽派符号山墙，高大巍峨，与双溪其他老宅及文庙、城隍庙方位保持一致；另一侧后来建造的院落直接开向繁华街巷，用宽大石埕过渡，大堂礼仪秩序空间面向街巷，穿过大堂左拐进入两重院落，前院与主体民居建筑以侧门紧密联系，后院为四水归堂样式，以单坡三面围合，一侧"凹"型山墙用大块青砖贴面，建造工艺一流。前者是乾隆年间建造，后者是嘉庆年间建造。

　　薛府年久失修，经由程美信老师的"森克义社"团队的再造与运营，如今已成为一处文创中心。乾隆年间建造的老宅，一层活化为图书室、展示空间及餐厅，二楼设为民宿植入；嘉庆年间的老宅面向街巷，作为茶饮接待、教学及休闲场地，以动为主。改造之后的薛府，前后接待各方艺术家、作家、学者及导演，推动了这个千年古镇的文化复兴。

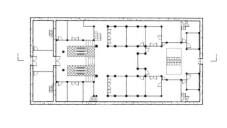

薛府主要民居建筑测绘图（戴志坚提供）

薛府临街民居大堂

薛府主轴线一进院落大堂

薛府侧院文创空间

薛府二楼住宿空间

棠口千乘桥上游立面

三、屏南廊桥

　　屏南古县志记载有180多座廊桥，这里仅收录现存的24座，其中有14座木拱廊桥，5座平梁廊桥，5座石拱廊桥。木拱廊桥如彩虹横跨湍急溪流两岸，也称作虹桥。虹桥大多是"三节苗、五节苗"构造编织的一孔廊桥，溪面若较宽可再跨一孔，如两孔的千乘桥，再宽可跨多孔，如最长的六孔万安廊桥。木拱廊桥木构体系复杂且适应性强，由于重力咬合作用，使用越久越致密，屋脊一般呈躬背状隆起，极少有局部花哨的双层屋顶。平梁廊桥与石拱廊桥时而有重檐或歇山或攒尖的透气屋顶，人称"花桥"。平梁廊桥往往直接跨溪横搭若干粗壮实木，

一般出现在浅窄的小溪流之上，其缺点是年代越久越容易下沉毁损。石拱廊桥大多是"花桥"一类，圆洞如满月，垒砌工艺精良，经久耐用，木构体系直接屹立在石造桥面之上。

　　这三类廊桥根据就地取材事功，还有财力与地势选择各自的建造类型。廊桥一般选址在古村落上中下游，或在重要古道上，衔接着如织网般的山岭小路。古人脚力特好，但经常也要歇脚才好赶路，除了路亭之外，廊桥也提供了这种方便，特别是在山高多雨的屏南。

木拱廊桥

棠口千乘桥

　　在棠口聚落两溪交汇的宽阔溪流处建有两孔的木拱廊桥千乘桥，木构结构编织工艺精良，每根杉木都是精挑细选几乎是同样大小的原木，使得相互咬合紧密有致，相互支撑着横跨溪岸。千乘廊桥始建于南宋，明末被烧毁，清康熙又重建，清嘉庆遇水患再毁，十几年后再募捐重建，至今有 202 年桥龄。桥长 62.7 米，宽 4.9 米，距离水面 10 米。千乘桥木构工艺精良，石构工艺同样精湛，两侧桥墩高起，每块石头加工平整，船形桥墩矗立水流中间劈风破浪，与木构编织的木拱形态共同组成如公鸡展翅状。在

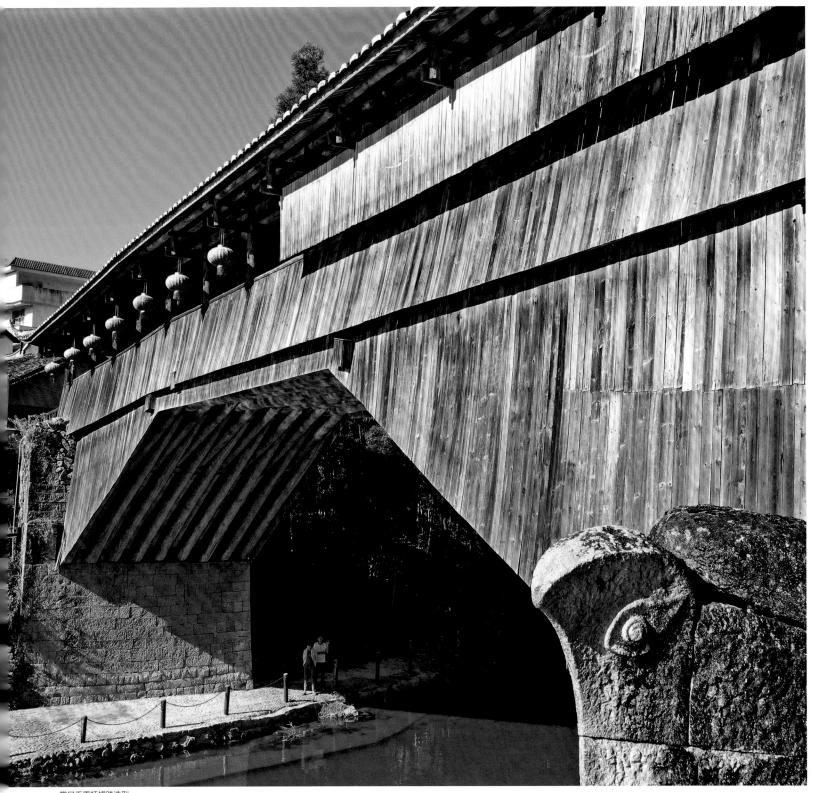

棠口千乘桥横跨造型

桥墩顶端刻有如鸡似凤般的石刻图腾，形象雄壮有力，护佑百年古桥的屹立。桥头东岸有一座祥峰寺，西岸有寺庙阁楼，共同组成一幅山水人文画卷。古人有题咏："十里烟霞迷处士，一潭素影斗婵娟。"

千乘桥被载入茅以升《中国桥梁科技史》，1988年入选为县级文物保护单位，2001年入选为省级文物保护单位，2005年入选为全国重点文物保护单位。

棠口千乘桥航拍总平面

棠口千乘桥局部鸟瞰

棠口千乘桥桥头

棠口千乘桥起翘屋脊

棠口千乘桥葫芦状窗口

棠口千乘桥凤头石桥墩

棠口千乘桥木构架廊屋

口千乘桥中间神龛正面

棠口千乘桥木拱编织微观

棠口千乘桥中间神龛空间

棠口千乘桥长条坐凳

万安桥溪面立面

长桥万安桥

在屏南西南门户的长桥聚落,人们营造了迄今为止世界上最长的木拱廊桥,这座六孔廊桥始建于北宋元祐年。宋时期至清时期名称"龙江公济桥",明末毁,清乾隆重建,清乾隆又毁,道光年再建,民国初毁,民国二十一年再建,2022年又被烧毁(这组航拍是最后的遗照)。桥厝共有三十八开间、一百五十六柱,自此称作"万安桥"。长桥镇因长桥而得名,万安桥在宽阔溪流两岸沟通古道,碧水蓝天,嘤嘤绿洲,连续六拱,在五座船形石墩上跳跃而过,势如天际彩虹。桥长98.2米,宽4.7米,距离水面8.5米。桥上

厝屋如龙卧溪,木构架如林木一眼望不到边,凡是路过的人们,想必会心存敬畏,感受这天地人神共在的恒久存在。清时期文人题写:"千寻缟带跨沧渡,水摇鳌背漾神州。汉家墨迹留中砥,秦洞桃花接上流。锦渡浮来香片片,令人遥想武陵源。"千年廊桥与山峦为伍,与聚落为伴,桥头凝结一处人文场所:圣王庙、古树名木及古厝。

万安桥1988年入选为县级文物保护单位,1991年入选为省级文物保护单位,2005年入选为全国重点文物保护单位。

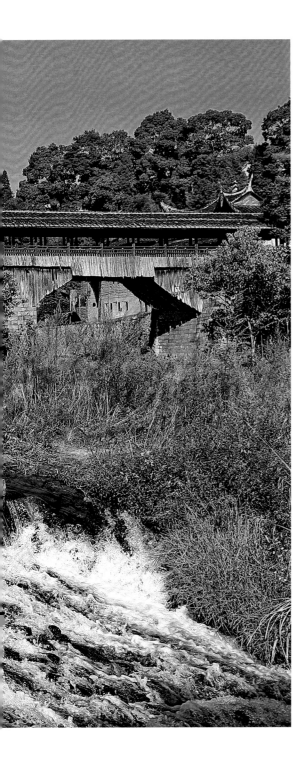

万安桥桥头

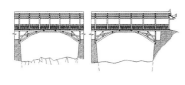

万安桥测绘图（摘自《乡土屏南》）

万安桥木拱倒影

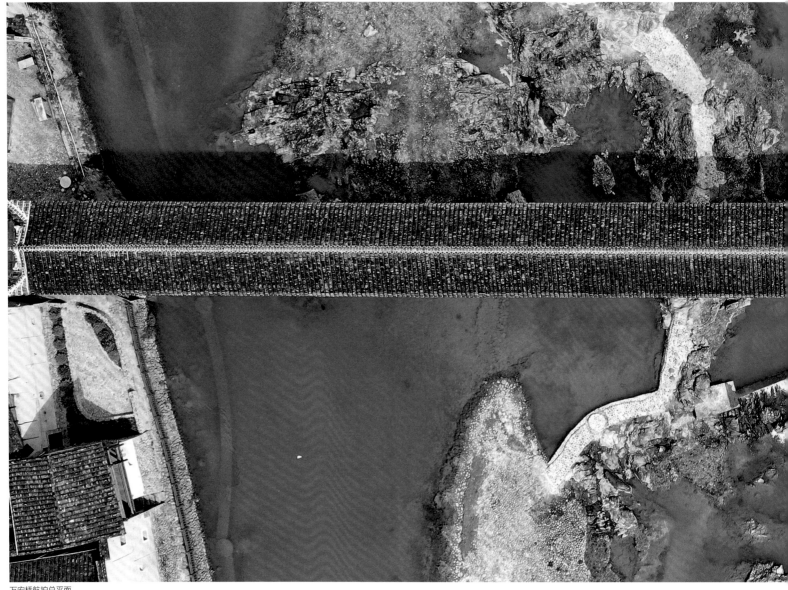

万安桥航拍总平面

万安桥远景鸟瞰

万安桥远眺（李玉祥摄）

万安桥木拱编织造型

万安桥木构架桥屋

万安桥侧面透视图

泮地惠风桥

　　惠风木拱廊桥坐落在人迹罕至的山岭溪流上，溪流碧绿，河床乱石丛生，水流湍急，山岭古道在这里交汇，然后走向四方，前后不着人烟聚落，孑然独立。桥长32.2米，宽4.5米，距离水面12米。这里是在泮地村与康里村之间的岭道上，在古代是交通要道，如今偏远而苍莽，显得廊桥这种唯一的人造物更加可贵与亲切。这座廊桥在康熙年间始建，民国时期重建，后于1998年又建，这种周而复始的修建周期正是木构结构的显著特征，往往在廊桥一侧山岭常备有山林，以供廊桥建造。同样，在桥厝中间来水方向设有神龛，下方不朽的两个石砌桥基托举着周期性翻造的木拱有机结构，在天际间、山水中与古道共存，令人感念古时山岭交通的繁华与崎岖难耐。

惠风桥远景鸟瞰

惠风桥溪面立面

惠风桥端头造型

惠风桥近景鸟瞰

惠风桥木拱编织造型

惠风桥桥头

惠风桥旁古道交叉口

惠风桥航拍总平面

惠风桥木构架桥屋

惠风桥木拱编织技艺微观

惠风桥桥头古道

惠风桥桥墁与木拱

后龙龙津桥

　　"山环水转疑无路，隐隐虹桥跨水滨；两岸绿荫村树合，行人到此尚迷津。"这是古人对后龙村龙津桥以古道行旅者视角做的描绘。在千山万壑、高山翠绿丘陵中，后龙聚落在狭长的溪流山谷一侧较陡山坡横向展开，宽敞溪流突然在水尾九十度向右拐弯，在古树名木的遮天蔽日中，一座廊桥隐然横跨两岸。桥面满铺碎石，衔接古道。庙宇相伴，碧水静如处子，倒映着这如卧龙的廊桥身躯。庙宇歇山顶，倚靠山坡古道一侧，门前相连风雨廊与廊桥衔接，游观尺度宜人，忽如梦境，可使人迷离驻足。桥厝神龛香火缭绕，祈祷一方的安康。龙津桥始建于清初，道光年重建，桥长 33.5 米，宽 4.5 米，距离水面 12 米，又名玉锁桥。廊桥古朴沧桑，原汁原味，与聚落相守。

龙津桥溪面立面

龙津桥航拍总平面

龙津桥石碑

龙津桥桥头与庙宇连廊

龙津桥桥头古道

龙津桥桥头庙宇

龙津桥桥堍与木拱

龙津桥近景鸟瞰

龙津桥木拱编织技艺微观

龙津桥神龛

龙津桥木构架桥屋

锦溪桥航拍总平面

锦溪桥溪面立面

锦溪桥近景鸟瞰

溪里锦溪桥

　　沈氏溪里村在一个山谷山坳、锦溪一侧山坡上，是典型的山地小型聚落，溪水环绕而过，水流湍急，险滩重重，水质清澈。在锦溪大转弯处的山岭夹持中，正好锁水做木拱廊桥，水尾百年树木参天，两侧庙宇轩昂，一侧驸马殿隐于竹林，一侧拓主殿门前层层梯田如画，正应了"山不在高有仙则名，水不在深有龙则灵"，精美古朴殿堂、沧桑遮天老树、不舍昼夜溪流、隐约木拱廊桥，共同组成一处可遇不可求的古道诗词画境。锦溪桥木拱艺匠一流，每根杉木几乎是同样大小粗细，结构编织得从容有度，在险峻岩石地势的衬托下更显出技艺的高超与精湛；桥厝中间设置神龛，面向来水方向，香火旺盛，神灵与人共在。锦溪桥长 37.8 米，宽 4.3 米，距离水面 7.8 米，始建年月不详，重建于清初，于 1970 年又重建。

锦溪桥木拱编织造型一

锦溪桥木拱编织造型二

锦溪桥神龛

锦溪桥木构架桥屋

锦溪桥侧面透视图

百祥桥溪面立面

白洋百祥桥

　　与惠风桥类似，百祥桥也在崇山峻岭之间，此处溪流险峻，乱石铺满河床，是沟通古代山岭交通网络的要道，是通往宁德、福安的必经之路，远离人烟聚落。2006 年失火损毁，继而利用预留的山林，伐木重建。这座近千年的廊桥历史悠久，始建于南宋，单孔跨度最大，多次重修重建，有时毁于水患，有时难免于火灾，这是中国传统木结构建造有机轮回的属性所在，最后一次完美重建也是木拱廊桥技艺活体存在的见证。

　　百祥桥 2006 年 5 月入选为第六批国家重点文物保护单位。

百祥桥航拍总平面

百祥桥木构架桥屋

广福桥溪面立面

岭下广福桥

与岭下下游广利桥一样，上游的广福桥也是人为地用石砌技艺把桥基座高高抬升，以防百年洪水突然冲下对木拱廊桥造成毁灭性打击。抬高的广福桥位于相对平坦的溪流两岸，使得廊桥势如天际彩虹。可以想象，在古代低矮夯土民居群的衬托下，它有着何等魅力的天际线。较晚建造的广福桥应是衔接古道、便利进村的一个决策，也许是因古道变迁而为。廊桥两岸翠竹掩映，溪流舒缓，木构高举，艺匠技艺精湛，桥面碎石铺面，在来水方向设置神龛，祈祷路人步履匆匆。桥始建于元代，清嘉庆重修，新中国成立后又重修三次，现保存良好；广福桥长 32 米，宽 5 米，距离溪面 10.5 米，紧邻村落，周边快被混凝土房屋包围了。

岭下广福桥 2001 年入选为县级文物保护单位，2005 年入选为省级文物保护单位。

广福桥近景鸟瞰

广福桥木拱编织造型

广福桥木构架桥屋

广福桥神龛

岭下广利桥

　　岭下村聚落坐北朝南，东西向展开，面向弧形岭下溪，在山水小盆地溪流一侧坡地上营建，属临溪较大型聚落，是岭下乡行政所在地。在岭下村水头水尾相距八百米的地方，人们各建造了一座木拱廊桥，上游是元代元统年始建的广福桥，下游是宋代始建的广利桥，这是不多见的姊妹桥。先来者广利木拱廊桥在水尾锁水，衔接前后古道，沟通两岸而出村；桥下溪流缓缓，桥头古树参天，桥面碎石铺砌，桥厝屋脊如弓背拱起，一侧古道旁千年古寺景福寺的合院与阁楼里依然香火缭绕，廊桥近侧静卧一处小庙；庙与桥如今被公路割裂成两处，斩断了古道与廊桥的衔接。广利桥长 30.5 米，宽 4.5 米，距离溪面 7.3 米，始建于宋，明正统年重修，清乾隆再修，1993 年又重修，木拱结构工艺精良，在公路两侧成为一处古朴景致。

　　岭下广利桥 2001 年入选为县级文物保护单位，2005 年入选为省级文物保护单位。

广利桥与庙宇全景鸟瞰

广利桥桥头

广利桥侧面透视图

广利桥溪面立面

广利桥航拍总平面

樟口桥与聚落近景鸟瞰

樟源樟口桥

在樟源村水尾的公路边，有一座简易的木拱廊桥，名为樟口桥，又名樟源下桥。廊桥横跨碧绿水面，立足两岸岩石桥墩之上，与远处山岗山坡聚落对望，视野极其开阔。樟口桥始建于清乾隆八年，清咸丰五年重修，后由于水患又多次重修，最后一次于1955年重修，九开间桥体木结构保存完好，做工一流，桥面铺砌石块与古道衔接，神龛供奉真武帝。

樟口桥于2006年被列入县级文物保护单位。

樟口桥航拍总平面

樟口桥近景鸟瞰

樟口桥桥头

樟口桥桥埕

樟口桥木构架桥屋

樟口桥木拱编织技艺微观

漈头金造桥

金造桥已脱离原有古道场地，重新选址建在这处险峻的山岭狭谷中。此地溪流落差较大，瀑布如练，木拱廊桥在天际山水间横跨两岸。这种当代迁移廊桥的重建工程，同样使人震撼，一方面赞叹艺匠的手艺依然活态存在，一方面感叹金造桥重新复活、选址独到。

金造桥原址在漈头金造自然村水尾，始建于清嘉庆，民国重建，因修水坝2005年被迁移至距漈头村一公里处公路旁的溪流瀑布之上，这里地势险要，自成一景。金造桥长41.7米，宽4.8米，距离溪面12米。廊桥木结构按原样迁移，桥梁上保存13副楹联，如：桥造亿兆金锁住一村烟火，田开千万顷端资十丈舆梁；一幅彩虹穿岸脚，半钩新月挽溪腰。石碑记载：桥以金造名，殆谓创业维艰，舆石鞭海，上锁银河，中从同欤。幸各同心协力，倾囊乐助，得以鸠匠经营，于嘉庆十三年十月经始，洎本年四月落成，其中艰苦若何，费用凡几过而问焉，莫不共惟康惟保也。

金造桥入选为县级文物保护单位。

金造桥远景鸟瞰

金造桥桥头

金造桥航拍总平面

金造桥木构架桥屋

金造桥神龛

金造桥溪面立面

金造桥仰视航拍

清宴桥航拍总平面

清宴桥桥头

清宴桥溪面立面

前塘清宴桥

　　"村是济川豫祝河清海晏，民无病涉直追汉柱秦桥。"这是清晏桥梁架上的七副楹联之一，不难想象，在近百米的深山峡谷险峻环境中，这座廊桥凌空身姿何等非凡，不禁让人想象那一群勇敢的工匠是何等的艺高人胆大，而文人歌咏其"直追汉柱秦桥"，是在向中原古老木构工艺致敬。清晏桥近年由于水利工程而搬迁至渺无人烟的浅河谷上，给人一种虎落平阳的感觉，其实桥本身没多大特别，只有原本建在百米山谷之上才能体验到其木构编织天工之巧之妙，才能回归木拱廊桥的建造本位。

　　清晏桥在清咸丰二年由众人、众村合力建造，桥长 26.4 米，宽 4.5 米，在目前假造的场地上，距离水面约五六米。作为县级文物廊桥，这座桥被精心编号、整体搬迁，实属不易。

清宴桥石碑

清宴桥神龛

清宴桥木拱编织技艺微观

清宴桥木拱编织造型

进贤桥溪面立面

谢坑进贤桥

　　进贤桥在谢坑聚落水尾进行锁水，从而组合一处人居环境，同时通达屏南与政和，完成作为屏南北门户廊桥的使命。进贤桥应是与谢坑千年聚落一同始建，木拱编织结构廊桥，而桥屋属花桥形态，比较少见。有记载称，进贤桥嘉庆年间遭遇水患，后由陆氏募建，民国时期又毁，今人重建。

进贤桥航拍总平面

进贤桥远景鸟瞰

进贤桥桥头 进贤桥木构架桥屋 进贤桥木拱编织造型

双龙桥远景鸟瞰

双龙桥桥头

白水洋双龙桥

　　双龙桥是 2005 年新建的木拱梁桥，三孔横跨河床，在白水洋山谷处锁水，与山水地质奇观融为一体。双龙桥桥墩硕大似千乘桥，长度仅次万安桥，把白水洋的游观线路沟通为环路。这是屏南木拱廊桥建造技艺活态存在的见证。双龙桥长 66 米，宽4.5 米，距离水面 10.6 米。

双龙桥溪面立面

双龙桥航拍总平面

双龙桥木构架

双龙桥神龛

岭里聚兴桥

这座岭里村的新建廊桥是我们在调研途中的偶遇，由于建在公路一侧，再加上新盖不久，颜色鲜亮异常，夺人眼球。聚兴桥建造质量上乘，是地道的木拱廊桥，不同的是采用花桥式的攒尖顶，以歇山相托，左右屋脊有泥塑彩绘吐水巨龙，更似庙宇一般。这是木拱廊桥技艺在屏南活态存在的又一例证。

聚兴桥近景鸟瞰

聚兴桥正立面

聚兴桥木拱编织造型

聚兴桥木构架桥屋

聚兴桥神龛

聚兴桥桥头与古道

漈川桥近景鸟瞰

平梁廊桥

漈下漈川桥

漈下村水尾溪面横跨一平梁廊桥，溪流较宽，故辅以斜撑加固。这处廊桥与一侧岸边庙宇共同界定漈下村的下游人文边界。穿村而过的古道，经由漈川桥出村，桥厝神龛来水方位供奉玄帝公。桥长 28.1 米，宽 4.65 米，距离溪面 4.9 米，清光绪年间重建，1992 年重修。

漈川桥现为全国重点文物保护单位。

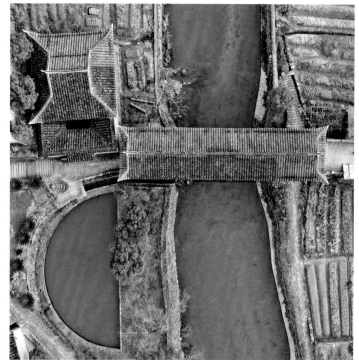

漈川桥航拍总平面

漈川桥木构架桥屋

漈川桥桥头与庙宇

漆下花桥下游立面

漆下花桥

　　漆下村北面寨门对着一座花桥廊桥，廊桥位于聚落的中心位置，是村民经常聚集的场所。廊桥东端是两溪交汇处，衔接一处"龙漆仙宫"。这处溪流较窄，上方横跨若干巨型杉木，托起桥厝，廊桥整体木结构硕大、雕梁画栋、工艺讲究，是漆下八景之一，曾有题诗："桥横两涧接文峰，锦鲤翱翔欲化龙；几见乘雷绕屋去，未从个里托真踪。"漆下花桥始建于清康熙年间，桥长12.6米，宽4.3米，距离溪面仅3.7米。

　　漆下花桥现为全国重点文物保护单位。

漆下花桥木构桥架桥屋（李玉祥摄）

漆下花桥神龛

漆下花桥聊天空间（李玉祥摄）

巴地廊桥航拍总平面

巴地廊桥侧面透视图

巴地廊桥木构架桥屋

巴地廊桥

　　巴地平梁廊桥横卧水尾，与文昌阁、路亭组成一处人文场所。廊桥始建于明正德年间，清道光年间重建，近年又重修。桥长 29.9 米，宽 3.8 米，距离溪面 5.7 米，神龛供奉林公大王。

巴地廊桥溪面立面

墘头廊桥

在漈头村水尾横跨一座五开间平梁廊桥，中间为攒尖屋顶，两端歇山顶，四角翘起，木结构做工精良，属花桥式样。

墘头廊桥近景鸟瞰

墘头廊桥桥头

墘头廊桥侧面透视图

墘头廊桥木构架桥屋

上凤溪廊桥溪面立面

上凤溪廊桥航拍总平面

上凤溪廊桥桥头

上凤溪廊桥木构架桥屋

上凤溪廊桥

　　上凤溪聚落在溪流两岸分布，水尾古树名木参天，掩映着一座平梁廊桥，桥两端前后衔接着古道，与一侧包公殿共同组成一处人文场所。桥长 24 米，宽 4.1 米，距离溪面 4.4 米，清乾隆重建，近期以钢结构加固底部。

石拱廊桥

龙潭石拱廊桥回村桥

　　龙潭村西溪穿村而过，分段落差，流瀑成景，竹树掩映两岸夯土建筑，小桥流水人家，如世外桃源境地，在聚落水尾以石拱廊桥锁水。龙潭石拱廊桥回村桥石砌技术一流，在溪流两岸跨越，沟通悠悠古道，溪流倒影，虚实之间如满月垂挂。这是一座花桥，屋顶处理如庙宇，歇山重檐，通风透气，神龛香火袅袅，面向来水方向守望上百年聚落世族的绵延；匠人用规整石块营建流线型半圆拱券，再用毛石抬升桥面，接着在坚固的桥身上架起木构梁架，不对称的九开间桥厝一字排开，梁架题满各种楹联与匾额，廊桥横卧溪面，锁水而成一个圆满聚落的人文边界。走出歇脚的桥屋，人们步履蹒跚出村，翻山越岭赶路，回望这座廊桥，归途有期。

龙潭石拱廊桥回村桥溪面立面

龙潭石拱廊桥回村桥远景鸟瞰

龙潭石拱廊桥回村桥远眺

龙潭石拱廊桥回村桥木构架桥屋

龙潭石拱廊桥回村桥题字

龙潭石拱廊桥回村桥葫芦状窗口

龙潭石拱廊桥回村桥题诗

龙潭石拱廊桥回村桥木构架工艺

古厦花桥溪面立面

古厦花桥

　　屏南县政府曾经历多次变迁，从双溪古镇迁到长桥镇临时过渡，新中国成立后最终落脚古厦，成为现代工业化时期的政府所在地，这种现象在千年变动年代时常发生。在钢筋混凝土楼房的占领下，古厦聚落地面上的脉络已所剩无几，而只有这座石拱廊桥还诉说着曾经的存在。

　　古厦花桥是典型的庙宇式廊桥，歇山重檐，神龛位置屋顶伸出廊桥屋面，清式繁密斗拱层层，歇山屋顶屋脊处有一对飞龙图腾，七开间木结构挺立在石拱桥身之上，在两溪交汇处沟通一个步行的交通要道。花桥长22米，宽4.3米，距离水面6米，曾是古厦八景之一"南桥垂钓"，始建于明成化年间，清乾隆重建，民国时期又两次重修。

　　古厦花桥1994年被列为县级文物保护单位。古时文人曾有诗句："长虹飞跨如新月，美景如斯分外明。"

古厦花桥航拍总平面

古厦花桥远眺

古厦花桥歇山屋顶

南安桥航拍总平面

南安桥神龛

南安桥木构架桥屋

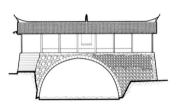

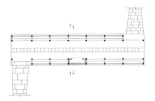
南安桥测绘图（戴志坚提供）

双溪南安桥（迎恩桥）

在双溪古镇郊外的田间溪流上，有一座造型轻盈的石拱廊桥南安桥，在田野与翠绿山峦的衬托下，显得异常古朴。南安桥在溪流两岸高耸，清澈溪流倒映着桥身，在天际勾划出一处人文景观，依然在古道上书写一处行旅停顿的逗留场所。廊桥七开间，架在石拱之上，两侧以青砖围护，神龛供奉真武大帝，桥面铺设碎石联通石台阶；桥长20米，宽4米，距离溪面5.8米。南安桥，又名迎恩桥，清乾隆二年重修时，知县改名为"迎恩"，因恰逢有恩诏至。两度知县分别有诗题写，"几度迎恩亭下过，又传丹诏出皇洲""春日渡南桥，春光似见招"。

南安桥溪面立面

前洋廊桥远景鸟瞰

前洋廊桥航拍总平面

前洋廊桥木构架桥屋

前洋廊桥斗栱梁架

前洋廊桥

在屏南高山岭道上，在人迹罕至的山涧狭谷中，不知还有多少类似前洋廊桥这样的桥曾经存在过和正在废弃消亡中。前洋廊桥身处较深山谷的小溪流之上，前不着村后不着店，在荒野古道上默默横跨。这座五开间廊桥保存古风，貌似简易，实则木栱结构讲究，存有斗栱法式，四周开敞，站立在小小石拱券之上，桥面以块石铺面，如古道铺法，与古道顺接，桥身没有拱起，看来水势较小，溪涧河床较深。

里汾溪水尾廊桥航拍总平面

里汾溪水尾廊桥远景鸟瞰

里汾溪水尾廊桥

里汾溪坝头溪水流较大，在大回转环绕聚落后，从水尾缓慢流出盆地，此处正好锁水，接通去往邻村的古道。这座廊桥是近期新建，而遗址古时就有，只是在类似赵州桥的石拱结构上，建造花桥造型的木构桥厝。这里是里汾溪与前汾溪的人居分界线，古树与廊桥成为空间上的界定，同时，也是顺接聚落上游不远处松树林小岛锁水空间的第二次锁水空间营造。

里汾溪水尾廊桥桥头

里汾溪水尾廊桥近景鸟瞰

漈头村石拱廊桥（李玉祥摄）

百祥桥（老照片）

漈头村平梁廊桥一（李玉祥摄）

漈头村平梁廊桥二（李玉祥摄）

小梨洋村石拱廊桥

白玉村龙井桥

双溪文庙正立面

四、宫庙宗祠

  屏南地处鹫峰山脉中段，好山好水，吸引了众多庙宇落脚。相比民居土木建筑，这些庙宇规格较高，特别体现在木构工艺之中。这里大致可分出三种式样的寺庙建筑，殿堂式、合院式及土木民居式。殿堂式有双溪文庙、双溪城隍庙、双溪北岩寺、双溪溪口宫、长桥天宝寺、三峰九峰寺、漈头慈音寺、天平山宝林禅寺、长桥万安桥圣王庙；合院式有漈下龙漈仙宫、上凤溪包公殿、前塘瑞竹寺；土木民居式有溪里拓主殿、溪里驸马殿、溪里新馨寺。其中，漈下龙漈仙宫与上凤溪包公殿大殿的藻井木构工艺一流。

  相比寺庙，各个聚落的宗祠建筑基本采用土木民居形式，这里选取六座典型宗祠，有的有多进院落，有的设有戏台，有的是独栋民居形式。

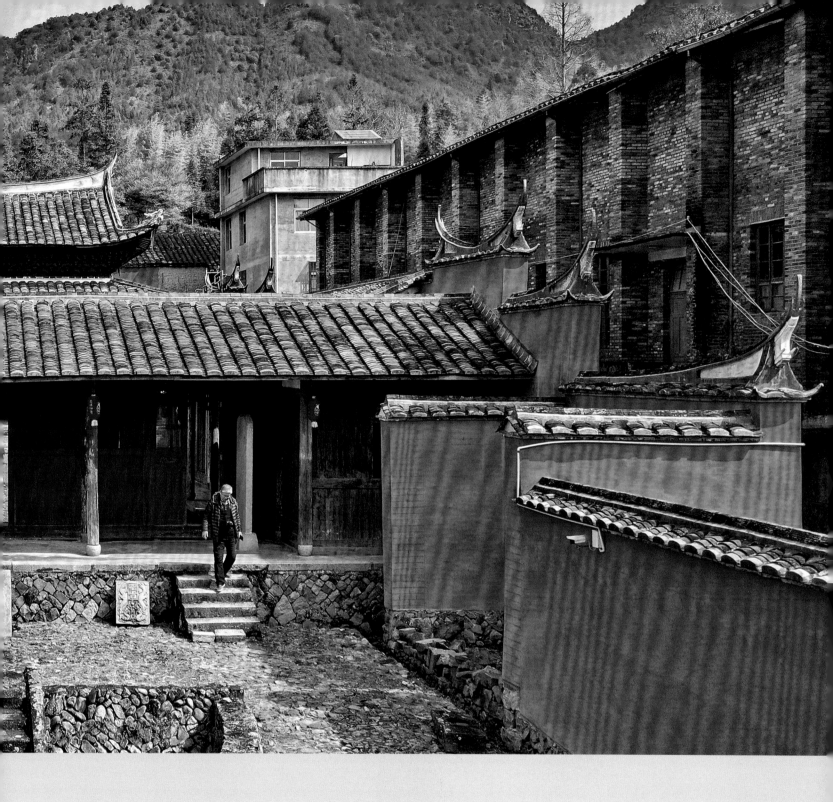

双溪文庙大成殿正立面

宫庙建筑

▌双溪文庙

　　屏山以南这片临溪盆地成为古田高山山区的商贸重地，这里双溪环绕，靠山面水，是富庶之地，特别是在清雍正年设为县治所在地之后，得到空前发展，先后建立起了城墙、商街、衙门、文庙及城隍庙。

　　双溪文庙建成于清乾隆元年，历经八次重建、重修，总长 75 米，总宽 20 米，至今主体保存基本完好。双溪文庙显然受到当地夯土民居型制的影响，采用合院式层层升高结构，为五开间多进院落。从礼门拐进，礼仪秩序便庄严展开，过泮池石拱台阶桥，正式踏入大成门门厅，进入核心院落，大成殿高台赫然矗立，重檐歇山，巍峨高大，在周边丹朱围墙的映衬下，更显神圣。穿过大成殿再进一院落，是供奉孔圣人及其他圣贤的崇圣祠，层层递进，礼仪秩序井然，使得读书人有了榜样的力量。值得注意的是，文庙在空间营造上汲取合院民居布局特色的同时，通过前后院落围墙的凹进，使得大成殿院落空间更显阔达与神圣。五开间木结构大成殿玉树临风，似如君子。文庙建成后，屏南高山山区沐浴在人文环境更加浓厚的氛围中。

　　双溪文庙 2005 年入选为省级文物保护单位。

双溪文庙航拍总平面

双溪文庙侧面屋顶

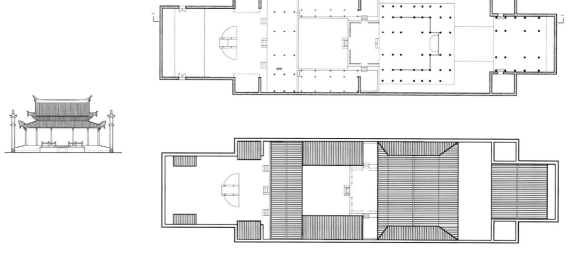

双溪文庙测绘图（戴志坚提供）

双溪文庙一进院落

双溪文庙大门

双溪文庙二进院落

双溪文庙院落厢房

双溪文庙碎石铺地造型　双溪文庙大成殿祭祀神位

双溪城隍庙

难得屏南同时保存较为完好的文庙与城隍庙，两座庙宇几乎同时营建，规划在县衙左右两侧坡地之上。与文庙一样，双溪城隍庙也是采用当地夯土民居合院型制，进行层层递进升高的参拜礼仪秩序营建。

双溪城隍庙地形环境稍显局促，从一侧大门进入前院，两侧简易门厅的中间是一座彩绘焚香塔。拾阶往上，空间逐渐扩大，围墙两侧设置善恶分明的泥塑神像，从中轴线石阶往上穿过门厅就是戏台，经过高处拜亭就到了大殿，后院仅留高差较大的围墙。如果说文庙是营造古代文人群体成圣成贤的氛围，那么这里就是设定民间善恶的生死场，这处城隍庙很成功地营造出了这种氛围。双溪城隍庙清雍正十三年始建，后陆续增建，形成现在的规模，总长 63.6 米，总宽 19.2 米，坐北朝南，戏台、拜亭与大殿均为歇山顶，组成丰富的古建筑第五立面。

双溪城隍庙 2009 年被列为第七批省级文物保护单位。

双溪城隍庙近景鸟瞰一

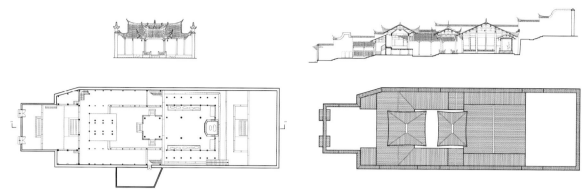

双溪城隍庙测绘图（戴志坚提供）

双溪城隍庙屋顶鸟瞰

双溪城隍庙大门

双溪城隍庙一进厅堂

双溪城隍庙戏台

双溪城隍庙航拍总平面

双溪城隍庙近景鸟瞰二

双溪城隍庙戏台屋顶鸟瞰

双溪城隍庙戏台藻井

双溪城隍庙钟鼓楼

双溪城隍庙院落一角

双溪城隍庙俏丽屋脊

双溪城隍庙焚纸塔

双溪城隍庙神龛

双溪城隍庙大殿

北岩寺侧面近景鸟瞰

双溪蟠龙岗北岩寺

　　这是双溪古镇郊外的一处名胜古刹。北岩寺自陆氏宋时期落脚双溪以来，有近千年历史，曾多次重修、重建、扩建。这是双溪陆氏一开始设立书院的地方，后为家庙，又在宋雍熙元年演变为禅寺，因寺院北面有巨石如壁，故名北岩寺，又称下院。北岩寺坐北朝南，背靠蟠龙岗，面朝良田盆地，一旁的碧龙涧溪流潺潺，藏风纳气，曾是屏南县域八景之一"北寺秋声"，周边被历代文人发掘出八处佳境：松桥夜月、虎洞归云、狮峰积雪、藤岩瀑布、

鲸山樵唱、龙涧渔歌、竹阁秋声、莲沼天香。

　　北岩寺门楼似楼阁，面阔三开间，附带一个风雨廊，设中间大门与两侧侧门，跨门而入，院落似天井，两侧二层厢房；经过池沼进入天王殿，再往前进入二进大院落，地势升高，大雄宝殿屹立中央，双坡屋顶，围墙如民居山墙。曾有清知县沈钟题诗："为爱北岩寺，偷闲一出游。过溪唯鼠迹，绕路有蝉声。翠自须眉滴，云从衣袖生。山灵知我到，先遣老僧迎。"

北岩寺大门

北岩寺门廊（下廊）

北岩寺轴线屋顶近景鸟瞰

北岩寺门楼

北岩寺航拍总平面

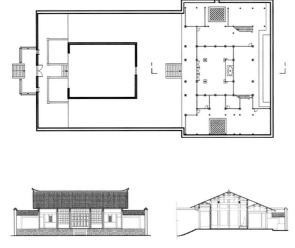

北岩寺测绘图（戴志坚提供）

北岩寺门楼鸟瞰

岩寺中殿屋顶鸟瞰

北岩寺侧面近景鸟瞰

溪口宫航拍总平面

溪口宫侧面近景鸟瞰

溪口宫轴线近景鸟瞰

双溪溪口宫

  双溪古镇的人文历史见证了屏南这个高山县域的前世今生，古镇人居、人文空间格局最为完善，溪口宫是其中一个风水规划的重要节点。在双溪南溪进入盆地的入口，溪口宫与廊桥在这里界定人居边界，祈福一方平安。溪口宫是殿堂式布局，规模较大，格调较高。宫殿屋顶最为精美，从门厅的重檐下廊，到高处的歇山重檐大殿，花团锦簇般，背靠着翠绿山岭，门前溪水擦肩而过。宫院围墙涂朱丹色，正立面以徽派民居叠落山墙造型建造，侧立面山墙节节高升，与屋宇黛瓦屋顶及华美屋脊构成一幅绝佳古画。屋顶造型似满园春色，各个俏丽的飞檐呼之欲出，显得既庄重又热闹。

溪口宫俏丽山墙及屋顶翘角

溪口宫大殿

溪口宫大殿屋顶特写

溪口宫门楼顶特写

溪口宫侧门屋顶翘角

龙漈仙宫轴线近景鸟瞰

漈下龙漈仙宫

在漈下聚落龙漈溪中游、两溪交汇的三角地带有一处祭祀庙宇，这座宫庙与迎仙廊桥、漈下北寨门，共同构成一处重要的人文历史空间。自古，人们对河流、溪流既爱又怕，自大禹治水开始，华夏民族就对水的流动有了深刻认知。在漈下这个两溪交汇的节点，龙漈仙宫的营造是聚落必然要做的事情，亦如水头水尾的廊桥及庙宇，不仅为了祈福、展现与山水共在的生存观，

也是为了不断警醒后来者，力求长治久安的生态观。

龙漈仙宫因势利导，在促狭场地两溪汇合的风水环境中取民居四方合院形态营建，以倒"凸"字形围墙围合，坐南朝北。屋宇造型谦和美观，采用天圆地方巧妙形态，木构工艺精湛，圆顶穹隆如雨伞，以富丽堂皇的藻井做装饰，同时便于迅速排出室内香火烟气；四周的四方坡屋顶向四角方向滑下

龙漈仙宫侧面近景鸟瞰

龙漈仙宫航拍总平面

龙漈仙宫大门

龙漈仙宫老照片一

再翘起，与中央圆伞状弧形屋顶衔接，构造精巧。仙宫如合院，两侧厢房搭接围墙建造，大殿木结构古朴硕大，神龛中央顶上藻井取龙凤寓意，造型绚丽。宫庙门厅正好镶嵌在围墙围合的小空间里，对应着三开间的中间位置，院落厢房似乎也是嵌入一般，整体空间紧凑有致。出了宫庙门厅，门口放置焚纸塔，围墙顺着溪流斜向围合，形成尺度合宜的入口空间序列，并与迎仙廊桥衔接，对望溪岸对面的风雨廊，形成对景。

龙漈仙宫建于明隆庆三年，宫中高悬题写的"方壶圆峤"四字匾额，是不可多得的典型明代建筑，现为全国重点文物保护单位。

龙漈仙宫大殿与天井院落

龙漈仙宫老照片二

龙漈仙宫老照片三

龙漈仙宫大殿室内

龙漈仙宫梁架结构

龙漈仙宫匾额

龙漈仙宫大殿藻井

龙漈仙宫梁柱

龙漈仙宫梁架斗拱组图

长桥天宝寺远景鸟瞰

长桥天宝寺

天宝寺雄踞在长桥镇郊外山岭半山小盆地上，背靠琴屏山，视野跨过长桥聚落河谷盆地，面朝群山作案山，山门左侧坐落一处高僧舍利塔，右侧山岗立一高一低两佛塔，寺院为三进深大院，大殿、阁楼、僧舍组合成一个规模宏大的建筑群。现存天宝寺建筑群是1986年复建与扩建的，而遗址地基肇基于唐朝开元二十九年，第二年便是唐玄宗的天宝元年，故名天宝寺，距今有1200多年，早于屏南建县1000年。

整个天宝寺建筑群建在四个大台地上，层层高升，三进大院。从修葺一新的雄壮山门门楼拾阶而入，进入窄长的一进院落，天王殿矗立在中间，左右是池沼庭院；穿过五开间天王殿，来到核心院落，左右屹立四层壮观的钟鼓楼，前方是五开间大雄宝殿歇山重檐楼阁，前廊四根粗壮盘龙柱特别显眼；后院大台地上建造地藏王殿，十一开间气势十足，一字排开，歇山重檐楼阁式类型。其中，布置观音堂、接引殿、斋堂、大法堂、藏经楼及僧舍，以千年古刹洛阳白马寺为蓝本营建，成为屏南第一大寺院。在福建丘陵偏远地带的高山上建造如此大规模的寺院，真让人惊奇万分。

长桥天宝寺门楼前方

长桥天宝寺门楼后方

长桥天宝寺大雄宝殿

长桥天宝寺航拍总平面

长桥天宝寺中轴线正对的远景案山

长桥天宝寺门楼屋顶

长桥天宝寺中心院落

长桥天宝寺舍利塔

长桥天宝寺大雄宝殿前廊龙柱

长桥天宝寺天王殿藻井

前塘瑞竹寺

在去往前塘村的半路上，拐进一处曲折的山岭小路，再步行到一个溪水绕前的竹林山坳，这藏着一座山地合院式寺庙。顺应高差地势建造，竹林环绕，环境绝佳，屋宇掩映其间，禅意浓浓。瑞竹寺坐落在两个平整出的台地上，殿堂一字排开，围墙曲折，随机最大化围合院落，形态朴质而简洁，又不失典雅气质。寺庙前院宽敞，右侧开一上山侧门；中轴线上布置大殿，大殿正对山门，右侧是一个标准三开间大堂，穿过大堂，来到二进狭长院落，石砌高台壁立眼前，循两侧八字状石台阶而上，即可登临最高处禅房。寺院景色宜人，翠竹扑面，风水绝佳，是个修行的好去处。

瑞竹寺航拍总平面

瑞竹寺远景鸟瞰

竹寺后院台地

瑞竹寺大殿

瑞竹寺轩廊

瑞竹寺新修木构组图

九峰寺远景鸟瞰

三峰九峰寺

　　在离三峰村聚落不远的山岭半山腰坳地一侧，有一组庙宇，因周边山峰成景，奇峰连绵，对应九之纯阳爻数，故名九峰寺。寺庙一侧溪水环绕，左侧山岭郁郁葱葱，右侧梯田层层，低处大小三个池塘随机布置，自然人文环境绝佳，香客络绎不绝。寺院随坡地、台地布局，以中轴对称的大雄宝殿为主，右侧及右后方附带两处院落，周边围合几处僧舍、斋堂，在山岭中独处，屋宇轩昂，与山岭翠林同体。

　　九峰寺又名九峰禅林，坐北朝南，背靠龙顶峰，清泉潺潺，树林郁郁葱葱，是产生"九鲤朝天"神话的宝地。从大门殿可进入九峰寺院内，寺院以

迦蓝殿、达摩殿及韦佛殿围合，右角立一座魁星阁，阁楼下开一侧门；循大台阶到大雄宝殿前廊，回头可眺望秀美远景，转身进殿，可见五开间木梁架，中央八角形内套圆形藻井，异常精美。大殿右侧套一个小内院，穿过内院有一侧门，右后方台地有座观音阁，左侧后院台地上设僧舍、斋堂，一应俱全。

　　九峰寺始建于明景泰年间，清乾隆毁，嘉庆二年重建，道光年扩建，文人墨客常来常往。曾有知县题诗：乍入九峰路，峰高不易攀；僧巢云外寺，人种屋头山；落涧龙藏钵，空堂虎踞关；登临殊未倦，身在翠微间。

九峰寺航拍总平面

九峰寺中轴线近景鸟瞰

九峰寺侧面近景鸟瞰

九峰寺侧立面

九峰寺大殿轩廊

九峰寺大雄宝殿

九峰寺方形水井

九峰寺起翘屋脊

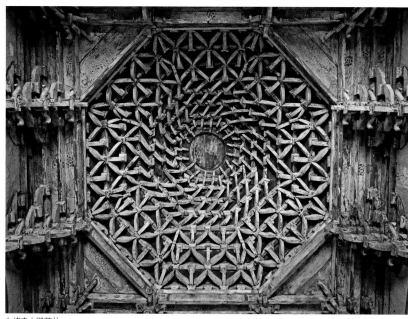

九峰寺大殿藻井

九峰寺观音阁

九峰寺祭拜神位一

九峰寺祭拜神位二

九峰寺大殿室内侧面

包公殿远景鸟瞰

上凤溪包公殿

上凤溪村聚落沿着溪流两岸狭长山谷一字排开，后被省道公路劈为两半，水尾保存一处完好人文场地，由参天古树、平梁廊桥及包公殿组成，一侧古道出村伸向山岭。这是一处包氏聚落，因此建造一处殿堂，祭祀包公包拯，格调与规格较高，清中期重建。这座庙宇是典型的合院式建筑，三合院围合，歇山顶大殿，前方是一处简易天井，开侧门。大殿正前方与民居形态类似，做"凹"字形围墙。最为特别的是，大殿内顶棚中央营造了精美藻井，造型取龙凤寓意，凤凰羽化出藻井，最后旋转在一个阴阳八卦中国哲学图腾中，至今基本保存完整。这处完整古朴藻井是屏南目前已知木构做工最精湛的一个。

包公殿航拍总平面

包公殿大门

包公殿歇山屋顶

慈音寺正面近景鸟瞰

漈头慈音寺

　　漈头村是千年聚落，在两溪交汇处的重要古官道上，儒释道齐全。在离漈头村不远的龟山脚下，地势相对平坦，小丘陵起伏，人们在山包土公坪的坡地上营建一处寺庙慈音寺，这里古树参天、苍劲挺拔，慈音寺在山坡台地上隐藏。这组寺庙在清咸丰年间重建，光绪年间被辟为书院，在"文革"中

被毁，1983 年又重建。

　　寺庙由两个院落组合，主院落借鉴屏南三合院夯土民居平面呈方形，七开间大殿坐立在中央，歇山屋顶，院落左右各置钟鼓楼楼阁一座，重檐攒尖顶，后院为窄长的排水小院；主体院落左侧台地靠后处建一座观音堂，设下廊、

慈音寺航拍总平面

慈音寺钟鼓楼屋顶

慈音寺大门

门厅，三开间，歇山屋顶，左侧单另开门附带一处厢房。整体庙宇体形紧凑而大气，随物赋形，先立主体轴线空间秩序，再向左侧山岗台地退台营建，台阶路沟通上下，如入园林。慈音寺曾有武僧入住，带动远近村民习少林拳术，成为当地美谈。

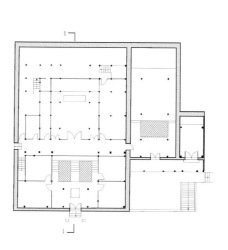

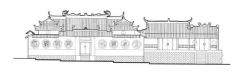

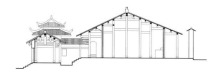

慈音寺测绘图（戴志坚提供）

寺祭拜神位

拓主殿大门

拓主殿近景鸟瞰

拓主殿航拍平面

拓主殿右侧隔断

拓主殿大殿入口

溪里拓主殿

溪里村聚落躲在锦溪溪流大转弯处的一处山坡坳地上，在溪流对岸有一大块梯田，美如镜面，在靠近溪里锦溪廊桥一侧的古道上，有座夯土建筑孤零零地伫立着，朝向上游方向，走近发现原来是座庙宇，名为"拓主殿"。这座拓主殿的夯土围墙完全是屏南三合院民居类型，而内部木结构做成祭祀殿堂型制。大堂三开间完全开敞，前方做隔断，仅留门洞与大门对望，前廊营建为有仪式感的序列，大堂内部木结构古朴简洁，主位设神龛，左右立钟鼓，光线撒入，呈现出一种寺院特有的神秘氛围。

拓主殿轴线仪式秩序

溪里驸马殿

溪里锦溪桥两侧均有庙宇，这处驸马殿与廊桥紧挨在一侧台地上，如今围墙只留下局部，而木结构基本完好，整个院落敞开，长满荒草，一不注意就会错过。驸马殿在桥头被竹林包围，面朝来水方向，左侧是陡峭山坡，右侧是溪里廊桥，自成一院落与古道平行。庙宇木结构高大，三开间单坡，似

乎弃用已久，但雕梁画栋的纹彩依然夺目，特别是梁架斗栱的精湛技艺，还有神龛位置活灵活现的龙图腾彩绘。古时，这里应是聚落信仰重地，有传说故事沉淀，与古廊桥共同在水尾护佑一方水土。

驸马殿近景鸟瞰

驸马殿神龛空间

驸马殿大殿梁架结构

驸马殿大殿轩廊梁架雕饰

新馨寺近景鸟瞰

新馨寺航拍平面

新馨寺神龛空间

新馨寺前廊梁架结构

新馨寺大雄宝殿

新馨寺二进门廊

溪里新馨寺

从溪里廊桥出村，再往下游方向走不太远，顺着古道即可到达新馨寺，新馨寺属典型的土木民居型庙宇。

新馨寺侧身卧在小溪边的三角土坪上，顺应地势营建，大门侧向一方，内部套一个不规则独立前院，四周皆是素夯土墙围合；进入第一道简易门厅，穿过院落天井，即可到第二道正式大门，寺庙完全是民居合院式布局，若没有门口弥勒佛塑像提示，真看不出是一处寺庙。寺庙五开间大雄宝殿立在高处台地，池沼院落简易古朴，木结构梁架区别于一般民居，做工讲究地道，神龛位置供奉佛祖，金碧辉煌。

宝林寺近景鸟瞰

天平山宝林寺

　　从南峭村方向再往上走就到了天平山半山的山坳上，这里逐渐平整出几个平台，宝林寺就随逐层升高的平台嵌入山岭中。宝林寺由入口山门殿、高处大雄宝殿及两侧僧舍、斋堂组成，五开间的殿堂前后照应，大雄宝殿的重檐歇山如阁楼，周边山岭树木郁郁葱葱，围合一处形如燕窝的地势。这是屏南大姓陆氏家族创建于宋乾德二年（964年）的寺庙，历史上曾多次重修重建，常有读书人入驻，现存规模是1994年复建、扩建的。

宝林寺远景鸟瞰

宝林寺大雄宝殿歇山屋顶

宝林寺大雄宝殿

宝林寺航拍平面

长桥万安桥圣王庙

　　万安木拱廊桥是目前已知最长的廊桥，廊桥所在河流宽阔，七孔廊桥横跨水面，甚是壮观；在出村处一侧桥头紧邻着一座圣王庙，与屋舍、古树及廊桥共同组成一个聚落人文场所。与聚落紧密联系的屏南廊桥，一般都会有座庙宇与之并立，桥厝设有神龛，庙宇内再设祭祀殿堂，供奉当地民间神仙，祈祷主题总与福祸生死有关，且深入人们的日常生活。这处圣王庙庙宇巍峨，与万安桥匹配，前设门楼，歇山屋顶，一层架空做过街楼，类似里坊做拱券石门与廊桥相通；走进圣王庙，中间设一大戏台，其木结构做工细致古朴，面向大殿，歇山屋顶；大殿三开间，双坡屋顶，山墙与民居相同，做叠落徽派山岳风格。

圣王庙测绘图（戴志坚提供）

圣王庙航拍平面

圣王庙正立面

圣王庙近景鸟瞰

圣王庙戏台

宗祠建筑

双溪陆氏宗祠

　　屏南当地有谚语流传："先有陆氏，后有双溪；先有双溪，后有屏南。"陆氏宗祠是双溪古镇规模最大的一组建筑，与文庙、城隍庙方位几乎相同，建筑空间布局类似长条竹节状。宗祠在千年间的多次重建扩建中，形成当下规模，融合了宋元明清及现代风格，特别是魁星阁高耸入云，成为双溪古镇标志性建筑。宗祠坐北朝南，前设月牙池塘，人称"鹅湖"，跨入八扇大门立面，过门厅处立一大戏台，面向祭祀大堂，一进院落宽敞，围墙高大坚固；穿过大堂进入又一重院落，魁星阁赫然在目。宗祠内共有 38 块匾额，历代有进士、解元、拔贡、文魁等家族功名者。

陆氏宗祠侧立面

陆氏宗祠正立面

陆氏宗祠正面透视

陆氏宗祠测绘图一（戴志坚提供）

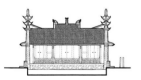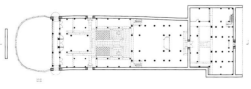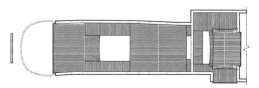

陆氏宗祠测绘图二（戴志坚提供）

陆氏宗祠航拍总平面

陆氏宗祠寝堂

陆氏宗祠戏台

陆氏宗祠天井一角

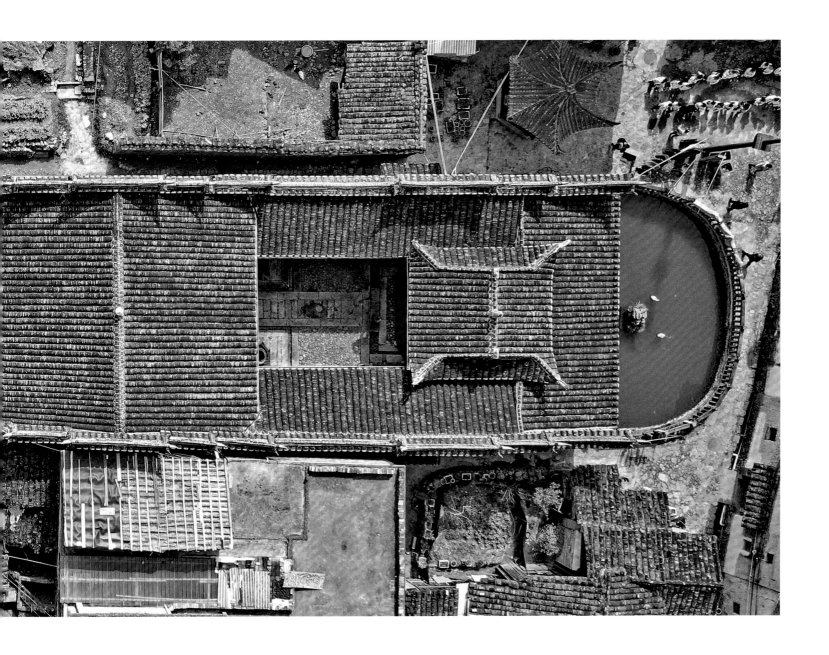

毛宗祠寝堂侧面木架构

陆氏宗祠二楼眺望

薛氏宗祠正立面

双溪薛氏宗祠

　　薛氏是自屏南建县以来双溪的名门望族，清乾隆九年自福安廉村迁移而来，至今 270 多年，薛氏家族人才辈出，曾有武举薛文潮，守备台湾有功，追授广威将军。薛氏祠堂始建于嘉庆年间，高围墙、大厅堂，山墙巍峨高大，设照壁、月池布置前庭，祠堂正面两侧角部凹进建造的对称角楼比较特别，这是重檐亭榭式的钟鼓楼，而门窗是民国青砖风格，窗仅作装饰窗，1994 年重修后，基本保持原貌。

薛氏宗祠航拍总平面

薛氏宗祠寝堂

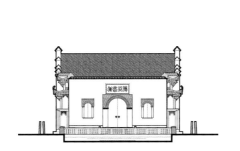

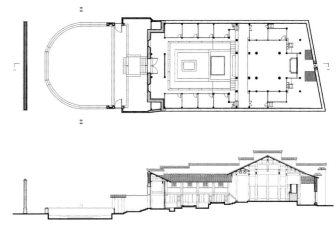

薛氏宗祠测绘图（戴志坚提供）

韩氏宗祠大堂

降龙韩氏宗祠

　　降龙村韩氏于清末绘制的"合乡全图"基本体现了这个聚落的人居风水规划格局，也与现状惊人的吻合，特别是与围绕韩氏宗祠展开的山地里坊街巷聚落。由于山地高差较大，夯土民居建筑格局一目了然，韩氏宗祠处在较高处的中心位置，茶盐古道从祠堂下的商街穿过。祠堂台地较大，分作两块，从大门入，拾阶而上，穿过戏台架空层，来到前院石坪，石坪两侧各立精美石制旗杆一座，祠堂三开间大堂高大敞亮，木结构梁架硕大，朱红涂色，黑红搭配雅致；寝堂朝向宽大戏台，从戏台窗户可俯瞰全村；穿过寝堂入后院，左侧有一台阶可通往高处另一台地上的后厅堂。韩氏宗祠整体尺度较大、保存完好、格调非凡、建造巧妙，是一座难得的精品传统建筑。

韩氏宗祠轩廊

韩氏宗祠神龛空间一

韩氏宗祠神龛空间二

韩氏宗祠插拱一

韩氏宗祠插拱二

韩氏宗祠石制旗杆一　　　　　　　韩氏宗祠石制旗杆二

韩氏宗祠戏台

韩氏宗祠大堂梁架结构

前塘林氏宗祠

前塘林氏宗祠在里坊街巷的深处，靠着山岭坡地，坐西朝东营建。宗祠轴线前方设方形石制水池，再是歇山顶如翼似飞的大戏台，戏台四面开敞如大亭榭挺立，然后是宗祠前庭。宗祠门厅气派，设高大前廊，朱红大门，书写大字"云蒸霞蔚"，大门上悬挂匾额"林氏宗祠"，两侧以楹联烘托，古意盎然；跨入大门是三开间门厅，进深较大，院落天井狭小，高处的厅堂稍

显局促。最为特别的是宗祠左侧空间，整体木构结构让出一个夹道，铺设台阶，辟为巷道，上台阶可通向宗祠后方巷道，宗祠外部形态依然是一座完整夯土建筑，山墙高大，却内含一处风雨通道，建造巧妙，这在宗祠建筑中比较罕见。

林氏宗祠航拍平面

林氏宗祠寝堂与天井

林氏宗祠戏台

林氏宗祠近景鸟瞰

林氏宗祠大门

林氏宗祠轩廊

林氏宗祠侧面拓展巷道

郑公殿近景鸟瞰

郑公殿远景鸟瞰

郑公殿木构梁架

郑公殿航拍平面

郑公殿神龛空间

郑公殿"凹"型围墙与天井

郑公殿木梁架结构

里汾溪郑公殿

　　一个聚落的演化史就是族群的变迁史，里汾溪古村就是这种动态的典型，当下应从历史、地理的视角看待这类上百年聚落的动态特征，这是我们理解生态人居时空的密钥。里汾溪核心古村最初来的一群人选择在临溪处落脚，这里有水碓、有庙宇，特别是当下还存有清末重修的郑公殿。后来，郑氏悉数迁往下游前汾溪古村，里汾溪村仅留徐氏一家独大。

　　最初落脚里汾溪七姓之一的郑氏的家庙，是里汾溪聚落兴衰的见证，碑记记载：创建于宋初期，历经明清多次重修，最后一次修建为清末，2014年腊月21日郑姓各村捐资重修并塑郑公神像。郑公殿保存完好，基本保存清末原貌，三开间带一天井，是典型屏南民居类型；门从后方一角入，小小三合院型制，"蜈蚣背"山墙，木结构用料用工扎实，素夯土墙结实挺立；殿堂明亮而古朴，神像眼光可越过"凹"形墙，阳光洒下，天井山墙上的农耕彩绘时刻提醒人们有个善恶的界限。

徐氏祠堂航拍平面

徐氏祠堂近景鸟瞰

里汾溪徐氏祠堂

里汾溪徐氏是后来居上的族群，最终里汾溪成为徐氏里汾溪，从而扩展出徐家大院及后来的土木民居新村。在这里，三个历史阶段有三种聚落街巷格局，在这个小盆地上界限明确，徐氏宗祠在徐家大院和核心古村之间。宗祠歇山大屋顶，四周以夯土墙围合，粉墙涂刷，从侧面一角门厅进入，门厅与厢房对称，前方留一天井，大殿三开间赫然在目，透过倒角弧形的"凹"形前围墙，可望案山，方位、视角与聚落民居朝向一致。

徐氏祠堂侧面鸟瞰

徐氏祠堂屋顶造型

棠口妇幼医馆近景鸟瞰

五、青砖建筑

在民国时期建造青砖建筑比较盛行，从沿海起始，再延伸到福建山区。这类建筑基本借鉴西式做法，独栋且多层，善用拱券。清末民国时期，大多是教会有组织地扎根营建，新中国成立后多建行政办公楼、粮仓、集市、电影院等公共建筑。在屏南高山地带同样也出现这类建筑，最为典型与完整的当属棠口村这组教会青砖建筑群。营建这组青砖建筑，征用了山岗土地，特设砖厂烧制标准青砖，请建筑师做专业设计，有专业施工队施工，施工周期达十年，在民国四年（1915年）建成。

这组西式青砖建筑群是西方教会势力在福建屏南高山地带殖民扩张的见证，一方面是千年变局中的被动接受，一方面又是农耕社会逐渐瓦解后的主动接纳。

棠口妇幼医馆正立面

棠口妇幼医馆

在棠口村背后的山岗上，上中下坐落三处青砖建筑，这座是地处最低台地的妇幼医馆。医馆呈"L"形平面，独栋独院布置在台地上，"L"形端部的外观与主楼立面不太协调，可能是后来临时加建的；主楼为标准的殖民地外廊式建筑风格，上下两层宽大，外走廊联系一字排开的房间，在端头设楼梯，并与山坡地势巧妙结合，一二层以石砌廊柱贯通，二层以大拱券收尾，风格简洁利落，同步欧美当时的现代风格；副楼纯青砖立面，端头设大门，大门高悬石刻匾额"妇幼医馆"。由于英籍医生潘美顾的医术赢得当地人的认可和赞美，故这里又称"潘美顾医院"。凡是现代应有的西医科室，这里基本都有，这是屏南有史以来第一座西医医院。

棠口妇幼医馆侧门立面

棠口妇幼医馆航拍总平面

棠口妇幼医馆石刻楼名

棠口妇幼医馆二楼走廊

棠口妇幼医馆走廊楼梯

淑华女学校正立面

棠口淑华女学校

　　淑华女学校地处棠口村后方山岗的最高处，背靠山岗建造。这座青砖建筑做工精良，用料考究。以三层青砖建造，有两层连续青砖拱券，建造逻辑清晰，工艺精湛。建筑立面七开间，一层连廊向大院落开放，中间拱券上部栏杆镶嵌石刻校名"淑华女学校"，字体俊秀优美；两侧单跑木楼梯沟通上下，从二层拱券连廊可眺望棠口聚落风景，廊道宽敞，在端头顺坡势伸出一个风雨木楼梯，木制栏杆简洁，与拱券风格一致。中间拱券特意多做一圈叠涩装饰，美观大方，与周边夯土民居形成鲜明对比。

淑华女学校航拍平面

淑华女学校石刻楼名

淑华女学校侧面辅助木楼梯

淑华女学校远景鸟瞰

淑华女学校拱券走廊

淑华女学校二楼走廊

淑华女学校青砖拱券工艺

淑华女学校一楼走廊与楼梯

棠口姑娘厝

    在医院与学校之间的大平台上建有一座青砖独栋宿舍楼，专供外籍与高级教会女性居住。为了融入当地文化宿舍楼取名带"厝"，实质是典型的西式楼房，院子宽敞，仿园林式别墅设计。姑娘厝立面上下六开间，侧面三开间，大门开在侧面，中间设走廊，两侧布置房间，中间走廊靠后处做两跑木制楼梯，内部部分砖砌承重墙。建筑立面窗户十分讲究，这也与西式建筑的拱券走廊一样，是重要的设计语言，其立面窗洞或大或小都用拱券装饰，以深浅青砖相间砌筑做艺术化处理，至今熠熠生辉；窗扇特别讲究，除了涂刷蓝色油漆外，窗户设三层，外层百叶窗遮风挡雨，中间层镶玻璃保暖，内层做纱窗。除此之外，为了取暖，楼内处处设有西式壁炉。

棠口姑娘厝近景鸟瞰

棠口姑娘厝窗户拱券工艺一　　　　　　　　棠口姑娘厝窗户拱券工艺二

棠口姑娘厝远景鸟瞰

棠口姑娘厝立面

棠口八角亭近景鸟瞰

六、亭塔牌坊

屏南古村街巷基本保存完整,以里坊制进行人居空间组织,在关键节点设有街亭或路亭让人停留歇脚,亦如山岭古道上的路亭。街亭一般在村落中心位置,有的有祭祀功能,有的纯属农闲时的聊天场所;路亭或在田间地头,或在临溪乘凉处。这里选取有代表性的五个亭子实例。双溪古镇瑞光古塔是一座罕见石塔,漈头村郊外古道上有一处牌坊群,甚是奇特,也一并收录。

棠口八角亭

棠口八角亭、千乘木拱廊桥及庙宇群，共同组成一幅人文聚落山水时空画卷。廊桥横卧在清澈溪流上连通两岸，八角亭矗立一侧，横竖之间，构图极佳。八角亭又名奎光阁，是古代文人墨客驻留之地，可见棠口耕读文化的深厚。八角亭亦亭亦阁，自有说法。亭子四面开敞，路人皆可驻足，临溪养神、养眼，又是三层攒尖屋顶，顶有宝塔，高耸入云，触及"手可摘星辰"的意境。

八角亭始建于清嘉庆元年（1796 年），多次重修，高 12 米，三层逐层收缩，比例合度，木构工艺精良，四角柱头做少见的五层斗拱，俏丽起翘屋檐，古风古貌，可入画境。

棠口八角亭立面

棠口八角亭起翘屋檐

棠口八角亭底层休憩空间

瑞光塔远景鸟瞰

双溪瑞光塔

　　双溪瑞光塔是一座古代重要城池的风水宝塔，在屏南旧县治所在地双溪西溪水尾的钟岭山岗上矗立，若是夕阳落山，晚霞映照，便成为屏南八景之一"钟岭残霞"，因此得名瑞光塔。宝塔始建于光绪十三年（1887 年），历时 13 年建成，塔高 13.7 米，通体石砌，坚固异常，呈八角形，为七层仿木花岗岩结构，循台阶登顶，可眺望双溪古镇与鸳鸯湖，瑞光塔见证着屏南建县后的蓬勃发展历程。

　　瑞光塔现为县级文物保护单位。

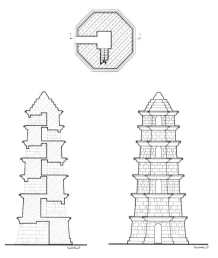

瑞光塔测绘图（摘自《乡土屏南》）

瑞光塔石造工艺

瑞光塔立面

峙国亭临溪远眺

峙国亭临溪情景

峙国亭休憩空间

峙国亭木构梁架

漈下峙国亭

　　坐落在漈下村口溪边古道上的峙国亭格调如庙宇，是长桥一带去往双溪的必经之地，内设神龛，木梁架结构十分讲究，三开间四方形态，抬梁斗栱，翘角歇山顶，题写楹联，绘制水浒图画，柱身龙鳞彩绘至今依稀可见。这座街亭始建于明隆庆年间，清时期整修，原貌保存基本完好。亭内设栏杆座椅，地面以鹅卵石铺设太极图。漈下村自古习武风气盛行，有一代名将甘国宝的神武遗风，亭内神龛供奉武圣关公，并题有楹联："国贼不惧生千古贞如一日，将军若后死当年汉室岂三分。"

　　峙国亭现为全国重点文物保护单位。

巴地路亭

巴地水尾的人文风景由三座建筑组成：文昌阁、路亭及廊桥。这座路亭横跨在古道上，一侧临溪，一侧设神龛，木结构纤细且凌空营建，歇山屋顶四角俏丽，彩绘泥塑气质不凡，虽是畲族村落，显然已融入汉族的生活方式与审美。

巴地路亭航拍平面

巴地路亭远眺

巴地路亭祭祀空间

巴地路亭立面

厦地路亭与古道

厦地路亭

在厦地村水尾古道上有座路亭，古道悠
悠，穿越而过，面向古村落，框住一方美景，
神龛默默，与座椅对望，不知是路人与神对话，
还是神与路人对话，总之二者是身边的存在，
与西方某些教派高高在上的神的存在截然不
同。这是中国独有的生活信仰哲学。

厦地路亭框景

康里街亭

　　康里村街巷肌理在高山上保存完好，是典型山地型聚落，在村落最高处的巷道拐弯处，突然出现一个转角街亭，搭建得简易而巧妙，有园林构造风范。巷道以石板台阶整齐铺就，这个拐弯的木构亭榭空间使得街巷有了层次，又完善了里坊格局，同时，步履匆匆的过路者可在此稍事休整，一举三得。

康里街亭视角一

康里街亭视角二

漈头石牌坊群

千年古村漈头村在郊外的古道上竖立起了一个有十来座牌坊的牌坊群，如今现存还有十座坚固的石造牌坊，正好林立在古驿道上下坡处的两侧，数量罕见，个个建造精美，每个楹联刻字都隽永异常，在雨水的冲刷下更显苍古；若顺着古道往上走，抬头便可见楹联，教化效果极佳。这里有清乾隆年间牌坊一座，清嘉庆年间六座，清道光年间一座，清咸丰年间一座，清光绪年间一座，大部分为贞节牌坊。在古代，贞节是一个女人一生最宝贵的社会道德底色，也是华夏礼仪秩序里重要的一环，竖立这么多牌坊，体现了漈头村家风家教在屏南首屈一指、远近闻名。这在全国范围内也是少见的。

漈头石牌坊群现为省级文物保护单位。

漈头石牌坊群楹联组图

漈头石牌坊群与古道

漈头石牌坊群牌坊之一

漈头石牌坊群近景鸟瞰

漈头石牌坊群视角一

漈头石牌坊群视角二

漈头石牌坊群视角三

柏源村石牌坊一（李玉祥摄）

凤林村石牌坊一

潦头村石牌坊（李玉祥摄）

凤林村石牌坊二

门里村石牌坊

柏源村石牌坊二（李玉祥摄）

后龙村石牌坊

下篇

地域建筑特色

建造风格如同方言，其产生的区域与方言发音区域具有惊人的重叠现象。大致来说，北方方言区域较广，南方方言区域小而多样，福建是汉语方言最多的省份。这里存有内在价值认同感的人类学观察视角。在古代，语音多样性通过汉字的认知及科举制度牵制在大一统的华夏文化范围内。以如此眼光面对屏南一带的鹫峰山脉地域建筑风格语言，就不难理解，除了绝对的丘陵地理环境小气候的客观适应外，还有中国农耕社会的创造性累积过程；前者在适应应对，后者在传承的同时也在主动选择。遗憾的是，在建筑语言的生态多样性方面，这个生动的过程至今还未有系统而深入的解释与观察。

屏南方言属福州方言大系，两地的地域建筑风格具有内在的同一性。福州的三坊七巷与屏南的街巷同属里坊制的成熟运用。这也说明屏南与福州同属闽北主干文化范围，特别是与南宋以后、逆流闽江而上的通京大道的渊源关系。不同的是，屏南民居建筑发挥了高山民居群的模式化建造艺术。其一，把北方汉人的桢榦夯土技艺用到极致，这里我们将之归纳为"集大成的桢榦夯土墙"，同时细分为"夯土堵墙""桢榦技艺"及"造型审美"；其二，除了把这种取之不尽的生土用到极致外，在众多溪流山谷中建造的木拱廊桥，其建造技艺达到登峰造极的境界；其三，在三合院单元的空间基因复制链中，人们熟练运用古老的里坊制空间管理体系，在高山地带不断创造高密度且生态型的人居环境，这里抓取了"寨门"与"坊门"的空间可见形式；其四，"无之以为用"的三合院空间组合体系，以俯瞰视角观察合院组合肌理。屏南传统建筑这四个重要特征应该给我们当下无节制建造行为带来更多深层批判与反省。聚落其实还在演化过程中，只是出现了千年变局，演化手段颠覆了我们的传统人文节奏，但不变的是生活空间价值及其所赐予我们如何创造性地与天地人神动态相处的智慧。

屏南传统建筑在素朴的风貌中依然勾划着多彩的人文情怀，特别体现在极富夸张的精巧"灰雕彩绘"中，当然，还有差别细微的各种装饰工艺里，如屋脊装饰、木构装饰、门窗装饰、石造构件以及雕饰。这里需时刻铭记，古人的建筑装饰行为不是为了装饰而装饰，而是像戏剧脸谱，每一个细节都有当下空间生活的自然表情流露。

北村村民居夯土山墙

一、集大成的桢榦夯土墙

　　夯土墙发展出两种营建方式：一种是三四个人可操作的版筑夯筑，福建土楼的建造中常用这种；一种是需十来个人一组协作的桢榦夯筑，这在北方黄土高原自远古起就发明并应用着，直到近古在福建丘陵的闽东北地区遍地开花，特别是在屏南高山地带集大成。

　　夯土技术与制陶手艺一样古老，都是制作与生活息息相关的物品，古人称作形而下的器用之物。中国瓷器由于远销海内外而闻名于世，而夯土墙却默默无闻地持守着有上千年农耕文明的人居生态聚落。在器物之用层面，夯土建造等同于瓷器制造，同样在实现"无"之空间的无尽使用之中，在屏南千年人居文化里发挥了极其重要的作用，亦如福建土楼的版筑夯土。

夯土堵墙

　　桢榦夯土墙是以一堵为标准单位，一堵即一层高度，大约是一人身高的一倍。一堵墙夯筑一天，需十来个人共同协作。一堵标准夯土墙需以 6-12 板不等进行分层夯筑（视板子宽度分出层数），层数越多越结实、越费工。大宅大户每板夯筑可达到 12 层，有的夯土墙表面还要抹一层白灰做保护层，而大多数情况是裸露的素夯土墙，素夯土墙在屏南土木民居建筑中是主体。夯土墙时，第一堵靠着支架侧板立起来，第二天夯筑第二堵时只需靠着第一堵夯筑即可，无需侧板，在二者缝隙部位预埋连接木杆加固。夯完一圈围合墙后，需等这圈干透了，通常到第二年才可夯筑第二层的一圈墙体，这样可保证百年不倒。这里需注意，上下堵墙尽量错缝相叠，有的局部还需要修整，或砍削或用土坯砖填补等，特别是顶层最后几堵弧形"蜈蚣背"山墙，需要由经验老道的大师傅仔细修整出流线形才好。在古代，屏南人口和经济发展盛期，这种夯土堵墙技术遍地开花。

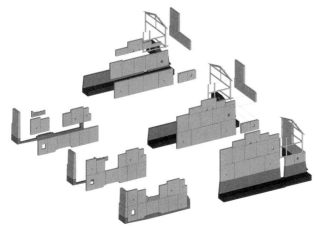

屏南桢榦夯土墙分解图（范文昀制作）

里汾溪村民居夯土山墙

龙潭村民居夯土山墙

芳院村民居夯土山墙

棠口村民居夯土山墙

洋村民居夯土山墙

泮地村民居夯土山墙

里汾溪炮楼夯土墙一

里汾溪炮楼夯土墙二

里汾溪民居夯土山墙

漈下村民居夯土山墙

小梨洋村民居夯土山墙

忠洋村民居夯土山墙

长桥村民居夯土山墙

溪头村民居夯土山墙

桢榦技术

这是坊·间建筑设计机构 2018 年底借美丽乡村项目，在屏南上凤溪村口做的一次堵墙夯土实践，这里设计三堵错开的堵墙作为聚落标志性的村牌，用青砖做底座，平整场地做一处逗留场所。由于好久没做夯土这个活了，村里大家商量后连夜赶制一套桢榦木结构框架，各家各户再搜集来夯土板，还有夯土锤等收藏的工具。夯土板要足够厚实笔直，这在北方是用一根根原木式的椽，到南方演变为几张板。夯筑的整个流程是：搬运生土，按比例搅拌石灰，搭架子并仔细校对垂线，用楔子夹紧两侧板，起土打夯定要均匀，大师傅时不时看一下侧面

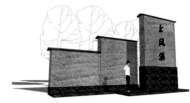

上凤溪夯土实践方案模型图

上凤溪夯土实践桢榦堵墙拆模效果

校准线，每板分五六层土，夯筑完毕，再夯筑一板。一板夯完，从下面拆模再固定一板，循环往复直到顶。这种协作夯土的活在农闲时每家每户都会干，互帮互助完成，只需一个人品好且经验丰富的领头者即可，无需任何商业模式介入。在屏南的乡村振兴中，我们探索并实践"计工计料"办法，一方面考验设计师驻村现场时的协作能力，一方面劳作实惠给了村里，省时省力，账目透明，由村民监督，委托村委管理。这种就地取材的千年事功经验和全民皆可的技术告诉我们，现场"计工计料"方式完全可以施行。"工料法"省钱、省力、省时，是屏南乡村振兴中施工管理的一个创举。

上凤溪夯土实践桢榦堵墙夯打过程一

上凤溪夯土实践桢榦堵墙夯打过程二

上凤溪夯土实践桢榦堵墙接近完成

屏南桢榦堵墙预埋木构拉结杆

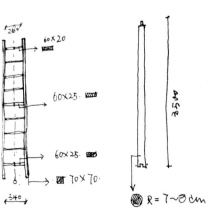

桢榦夯土工具手绘图（范文昀绘）

上凤溪夯土实践桢檞堵墙夯打过程组图

北村村"蜈蚣背"夯土造型

漈下村夯土造型

棠口村夯土堵墙叠落造型一

漈下村"蜈蚣背"夯土造型

长桥村夯土堵墙叠落造型

造型审美

　　只要条件允许，古人审美大多体现在细节，或在木作上雕梁画栋，或在石构上精细雕刻，或在任何眼前的生活尺度里进行泥塑彩绘、彩陶拼图、书法题写及设置各式楹联等烘托气氛。素夯土在我们现代人的眼里似乎是一种生态美，拥有朴实的品性，而聚落的人们觉得这是自然发生的事而已。唯一体现夯土审美的有意表现就是硬山做法的高高山墙了。屏南三合院围合的通体桢榦夯土墙，只有在山墙起伏的部位做些美化处理，大部分为瓦片压顶的"蜈蚣背"做法，既简洁、实用与美观，

棠口村夯土堵墙叠落造型二

棠口村夯土堵墙叠落造型三

康里村"蜈蚣背"夯土造型

又能长久保护夯土墙体,同时彰显户主身份。在福州方言区一带基本都可以看到类似做法,而在屏南山地聚落里坊制街坊空间的有机组合中,这种山墙显得尤为圆润,前后左右,层层叠叠,占据着上天所赐予的所有美好空间。有的大户富户人家,借鉴徽派封火山墙,让桢榦夯土工艺得到极大发挥,同时正好符合堵墙单元的事功分配,不用再将墙体砍削为弧形造型即可覆瓦做檐口。

漈下村夯土堵墙叠落造型

降龙村"蜈蚣背"夯土山墙造型

漈下村夯土山墙造型

厦地村夯土堵墙叠落造型

降龙村夯土墙造型

巴地村"蜈蚣背"夯土山墙造型

恩洋村"蜈蚣背"夯土山墙造型

屏南民居夯土山墙造型组图

棠口村夯土堵墙叠落造型

寿山村夯土山墙造型

里汾溪溪岸民居夯土墙造型远眺

四坪村"蜈蚣背"夯土山墙造型

龙潭村夯土山墙造型

溪里村锦溪桥木拱技艺

二、高超的木拱技艺

　　编织工艺是一门世界性的古老手艺，远在当下还存在的原始部落，近在都市的自动化纺织城，始终都在编织着布匹或软性材料做的日常物品（如草裙、竹篮、草席等）。然而，中国这种用原木进行类似编织的木结构建造工艺是独一份，这可能与中国传统建筑主体材料始终是有机木结构有关，木拱廊桥可以说把中国人对木材的认知与应用发挥到巅峰。相比斗拱或鲁班锁的繁复结构应用，木拱廊桥在大尺度结构上的应用如耍杂技般纯熟，原木直率地相互力学纠缠，就可托举人们从此岸到彼岸的桥厢，且使用越久越结实。桥体在人们不断的踩踏下，咬合的间隙逐渐缩小，最终浑然一体。福建盛产优质杉木，在通风良好、不被雨淋的情况下可使用上百年，能毁坏木拱廊桥的只有洪水和火灾了。屏南的木拱廊桥在险峻的环境中取胜，至今活态传承。

木拱技艺

自从人类发明了拱券技术克服重力后，在模块化应用下，使得跨度成倍增加，如西方哥特式教堂与中国赵州桥。与砖砌或石砌拱券不同，木拱廊桥木构体系是通过相互咬合、拉结编织来营建的系统搭建结构，古代绝不使用一根铁钉（因木材与铁钉膨胀系数不同易导致开裂），木拱桥就这样被发明了，直到技术稳定成为一般木工师傅即可熟练操作的数术：首先务必使用尺度基本一致的干透的杉原木，少结节而干净；两岸选址跨度尽量狭窄，有石壁为最佳，没有则需费功砌筑石墩，两孔以上还需再砌水中舟状石桥墩；先搭建第一系统的"三节苗"，两斜苗脚蹬在石墩最底侧横向枋木卯眼上（卯眼间距需提前计算并做好），然后以一平苗连接两侧伸过来的八字斜苗，相接处都以横向枋木榫卯咬合，并预留第二系统穿梭的空隙，这是横跨水面的关键一步（类似搭好了脚手架），形成单体跨越系统；再搭第二系统"五节苗"，不外乎在第一系统斜苗中腰部位多搭一枋木横梁，然后上下穿插，让一平苗升高一枋木高度，构造手法重复应用，相互上下搭建曲折为五节；两个系统间隙严丝合缝，若不合缝，用大木楔子调整均匀即可，富有弹性，木材干缩后会掉落水面，但结构此时业已稳定；跨越结构完成后，以三角架结构顺接平苗形成桥面，从三角空间内部四角伸向斜苗角部做大十字交叉结构，再进行拉结加强结构，保证结构稳定不因侧向力而变形；接着做两端桥面的支撑结构，最后做遮雨板及营造桥厝。这里调研的木拱廊桥实例中，千乘桥木结构最紧密，木材最扎实，且圆润光滑，锦溪桥木拱结构最疏朗，调节的木楔比较硕大。木拱廊桥的跨度与木材的选材有绝对关系，原木横截面越大，跨度越大，立体交叉穿梭编织的木工技术始终不变。

溪里村锦溪桥木拱榫卯编织技术组图

棠口村千乘桥木拱微观

泮地村惠风桥木拱微观

前塘村清宴桥木拱微观

岭下村广利桥木拱近观

岭里村聚兴桥木拱微观

后龙村龙津桥木拱微观

廊桥造型

多孔与单孔木拱廊桥造型上有所区别，单孔形态相对自由，可在结构平苗与两岸衔接的桥面部分不做水平，使得神龛空间隆起，屋脊也跟着起伏，典型如平地起廊桥的广福桥与广利桥。这种起伏同时照顾到洪水最高水位警戒线。多孔木拱廊桥典型如万安桥，还有两孔的千乘桥，都是在聚落附近建造，横跨宽阔溪流，连续跨越，石造桥墩如强壮有力的胳膊，托举着轻盈的木构架屋宇，黛瓦屋脊如飞龙横卧。当木拱结构被表皮木板材料遮蔽起来后，拱桥桥身如裙带垂落，倒映在水面上。木拱廊桥不做类似花桥的重檐神龛屋顶，因为在石拱桥上做更多负重较为稳妥，而木拱廊桥则宜简洁明快地表现出轻盈身姿。

白水洋双龙桥横跨造型

岭下村广福桥立面

溪里村锦溪桥局部造型

溪头村金造桥横跨仰视造型

长桥村万安桥连续跨木拱造型

棠口村千乘桥单跨如虹造型

廊桥空间

当木拱廊桥演化到有遮风挡雨的风雨廊后，使人联想到江南造园手法，这是对南方多雨季节的适应。然后，人们在廊桥来水方向设神龛做祭祀，屋檐做俏丽起翘，歇山屋脊，还有重檐攒山花哨造型，这种廊桥显然演化为祭祀场所，在上下左右的空中祈祷看不见的命运。营造天地人神共在的空间体系，唯有在这种廊桥空间中做到了。廊桥的基本使命就是沟通溪流两岸，使得山岭古道线路形成便利的整体网络。若在木构架梁柱之间设座椅，设神龛，便超越了廊桥的基本功能，使得廊桥成为一处人文生活空间，不但可歇脚聊天，还可祈福祈祷，安顿精神，让来往行人暂时接纳疲惫的身躯。

白水洋双龙桥神龛　　　　　　　　　岭下村广利桥

岭里村聚兴桥桥屋与神龛

棠口村千乘桥桥屋与神龛

岭下村广福桥桥屋与神龛

长桥村万安桥桥屋

白水洋双龙桥桥屋一景   棠口村千乘桥桥屋

漈下村北寨门

三、里坊制遗存的寨门、坊门

　　在从北到南的华夏大地上，古代聚族而居的聚落基本都有防御措施，有的利用山沟围合一处台地做寨门，如北方黄土高原的窑洞聚落，有的在空旷的交通要道上围合四方城堡（在北方多见）。到了福建丘陵地带，防御体系五花八门，最典型的属福建土楼巨型建筑，还有更古老的福建土堡，有的还在丘陵山包坡地做不规则城或寨（闽南平和县较多），而鹫峰山一带高山地区采用自唐宋以来的古老里坊制空间管控秩序，特别是在屏南人居空间里，在山坡、山谷或盆地上，在模式化三合院简易建筑群组合中，寨门、坊门不断被安插在关键位置，使得人居空间尺度更加私密化，同时又获得了极大的安全感。

寨门

　　屏南夯土民居建筑为了适应冬季寒冷潮湿的环境，三合院被夯土墙围得严严实实，每个合院单元组合起来，在聚落边界的外围山墙连接起来就自然形成一个防御体系，如果有断开的地方，直接做夯土围墙，这样就如城寨般完整地圈起居住环境，且在四角位置或关键出入口夯筑土木炮楼。寨门就是这一圈防御体系的重要一环，典型如漈下村遗存的北门楼门。即使袖珍如厦地村，在出村通往其他村的出口处都设置了寨门（现存遗址），寨门一般利用溪流、土墙或山崖进行设置。其实，屏南每个聚落都有寨门和防御体系完整的围墙，只是在和平年代会影响生产生活，所以很多地方把围墙拆除或废弃了。

芳院村山岭寨门

谢坑村寨门

漈下村北寨门组图

坊门

　　屏南民居建筑群体组合所形成的里坊制街巷比较完整，一般都有一个主干街穿村而过，衔接进出的古道，这条街上或多或少都有商铺或驿站。主干街与支干巷道，或巷道与两三家住户之间，往往设有坊门，层层深入，居住界限划分明确，有的巷道还有正式名称。古时战乱年代，坊门应该还有木制门扇可以开关，现如今已很少看到。有的坊门可能仅是一种仪式性的界定，或界定院落，

降龙村宅院坊门

或界定血缘的亲疏空间，形成一个大小相套的居住院落。屏南里坊制坊门秩序最为完善的要数北村村，坊门横平竖直地在山坡上营建，在主干街巷与支干巷道间，或节点入口处布置有多处坊门，使得街巷空间层层深入，庭院深深。

前塘村街巷坊门

忠洋村街巷坊门

忠洋村宅院坊门

里汾溪徐家大院炮楼坊门

三、里坊制遗存的寨门、坊门　　399

屏南聚落坊门组图一

北村村街巷楼门坊门

屏南聚落坊门组图二

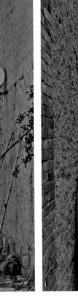

屏南聚落坊门组图三

北村村合院组合肌理鸟瞰

四、模式化的合院单元

　　模式化意味着一种生产生活的文明高度，特别体现在高度成熟的屏南大量重复建造三合院中。合院夯土单元尽管是应对气候的被动选择，但在主动优化土木技术的过程中，在人居空间上能做到变化多端，可适应营造环境条件最困难的场地，特别是临溪高差较大的坡地环境，如后龙村，还有海拔千米以上的白凌村。人们在寸金寸土的环境里抱团营建一个有限空间中的农耕家园，需要的不仅仅是勤劳，还要勇气、眼光和智慧，这种模式化的合院单元在共生协力互助下，形成一个个聚落，在高山山岭间见证着每个家族和个人的命运。

合院组合肌理

　　肌理就是自然与人文互动下的聚落底图。人居底图由民居、街巷、公共场地、公共建筑及自然与人文边界组成，具体到村落就是屋舍、庙宇、道路、溪流、生产场地、古道廊桥、古树名木及风水林或村落八景等。这些其实就是屏南合院民居组合的基本肌理，以合院空间为主体，依据地形走势，或排列如营房，或顺山坡等高线上下左右层叠，有的实在没有相对连片地块，只好三两个合院散落式组团布局，这是后来和平年代人口膨胀时期的产物。营造一般从核心的古村祠堂起始，向四周拓展，在大地上画出一幅血缘网络图，空间亲疏关系一目了然。但不管怎么扩展，有限的自然与防御边界是最终的底线法则。因此，支脉开拓另一处聚落在屏南山岭间是常有的事。

厦地村聚落肌理总图

前汾溪村聚落肌理局部

巴地村聚落肌理局部

降龙村聚落肌理鸟瞰

寿山村聚落肌理局部　柏源村聚落肌理局部

寿山村聚落肌理总图

龙潭村聚落肌理总图

坑头村聚落肌理局部

罗沙洋村聚落肌理总图

白凌村聚落肌理局部

三合院单元

屏南三合院单元民居建筑，如一颗颗印章般立在几乎四方的地块上，一个连着一个，有的共用山墙，有的独立，根据实际场地关系来决定。标准三合院是屏南高山聚落的主体，大门一般用花岗岩镶嵌门框，两侧常刻有五字楹联，进门即天井，两侧单坡厢房低矮，眼前三开间大堂在上，走廊两侧端头放置楼梯，正前方"凹"形夯土墙围合，在二楼大堂可透过土墙凹口眺望远方，这也是风水讲究的地方。灰雕彩绘大多在这个"凹"形墙上施展。后院一般窄长，仅用作雨水排水，两侧硬山山墙夯土做三层，最高处几堵组合着坎削为弧形"蜈蚣背"状，双坡黛瓦屋顶似乎是镶嵌在素夯土之间，民居内部木结构框架是自承重的主体，外部夯土墙仅是围合，故有俗语"墙倒屋不塌"，不少山地建筑夯土墙有时也作为承重结构起辅助作用。就结果而论，三合院四周土墙围合小小天井，可获得冬暖夏凉的实际效果，能适应屏南高山寒冷气候环境。

里汾溪聚落三合院单元组合

北墘村聚落山地三合院单元

罗沙洋村聚落山地三合院单元

前洋村聚落山地三合院单元组合

前塘村聚落山地三合院单元组合

四、模式化的合院单元　411

芳院村聚落三合院单元组合

屏南聚落三合院单元组图

五、灰雕彩绘

　　相比沿海民居建筑华丽的外立面，屏南民居更具内敛特性，从灰雕彩绘的放置部位可见一斑。屏南民居灰雕彩绘最精彩的部分是在二楼大堂前方的墙体位置，"凹"形墙体端头或两侧装饰得特别华彩（如康里古民居的龙图腾与鸡兔情趣图）；还有平整前方墙头类似水车堵的长轴画卷，如连环画般演绎，手法活灵活现，使用镂空浮雕方式，再精心饰以彩绘，典型如北墘村的佛仔厝与漈下村甘氏大厝；有的在"凹"形墙下方书写大字，如罗沙洋村古厝中书写的"日暖和风"，在日光映照下，青色扑面，满屋生辉。这些都只有被主人邀请上楼，才可一饱眼福。

灰雕

　　古人的审美要比我们所想象的更为精彩和可爱，这种极具人性之光的生活饰彩画卷不仅是教化场所的烘托，更是一种根植久远生活土壤的艺术歌颂。在屏南模式化三合院简易组合的聚落风貌中，在满眼素装披裹的夯土原色中，跨进门让人眼前一亮、精神抖擞的，唯有这内敛式的灰雕，使得满屋生辉。灰雕在各家各户各显神通，有的是大气浅浮雕，图案或是图腾或切近生活，成双成对；有的沿着墙檐口做成三面连续画卷如《清明上河图》，进行整台大戏雕塑，人物活灵活现，或刻画梅兰竹松，或以喜上眉梢的喜鹊与梅花搭配；有的不厌其烦地勾画"福、禄、寿、喜"，且是以花式镂空手法。不管如何自由的灰雕样式，基本色调都是青色打底，辅以黄、绿、黑，灰雕与彩绘结合，立体与平面互衬，靓丽活泼而不失庄严体统。

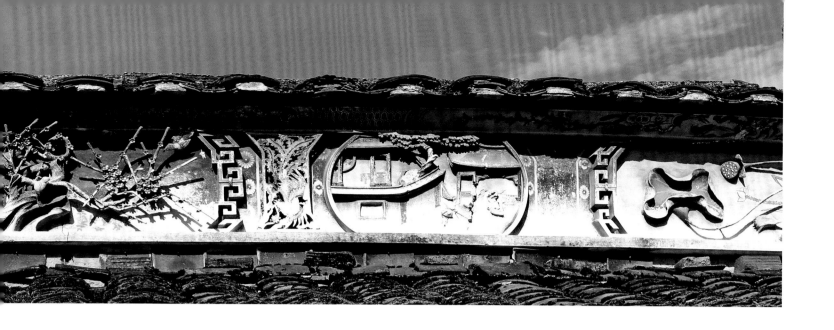

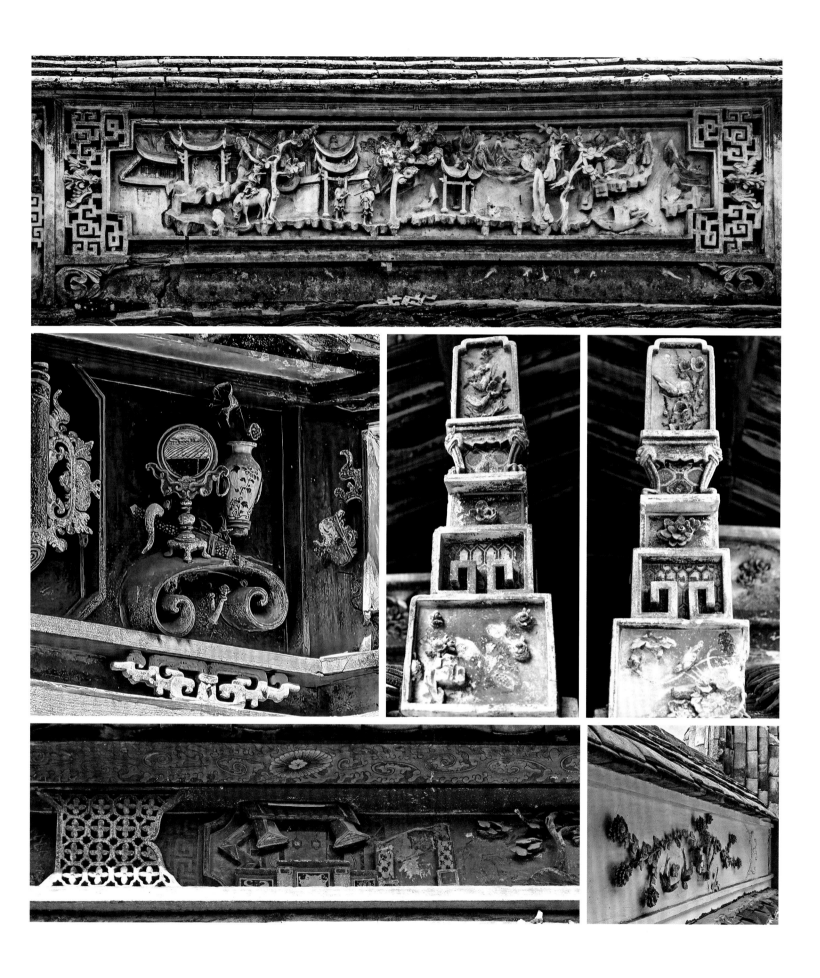

彩绘

除了屏南民居灰雕饰以彩绘外，人们还在墙壁上直接提笔彩绘。有的在民居檐口，有的在大堂神龛左右，有的在大门匾额上，还有的在厅堂前的照壁、庙宇中的神龛上，不一而足。这是多姿多彩农耕文明内在生活的折射，且无处不在，绝不只是当下看似落后、灰色的表象。

六、屋脊装饰

　　屏南民居中除了山墙屋脊具有造型外，其他屋脊没有沿海民居那么花哨。屏南的屋脊与飞檐装饰主要体现在庙宇、花桥（廊桥）中，屋脊一般做一对气韵生动的龙图腾，起翘的飞檐部分大多做成花卉舒展身姿，有的局部还做飞翔的凤凰，都热闹非凡。塑造这些形象基本采用与灰雕同样的材料，先用竹子或木棍做好造型骨架，接着，把石灰、糯米及泥巴按经验比例混合再进行塑造。

七、木构装饰

木构装饰主要体现在庙宇这些公共建筑的藻井部位，大家在众筹之下舍得花费金钱和精力做最神圣的事情。

在屏南民居建筑上，木构装饰主要出现在大堂局部，如在云纹雀替、斗栱、垂花柱、灯杆及神龛等部位，采用手法有雕刻、镂空及彩绘等。

八、门窗装饰

　　屏南民居的精美门窗装饰为数不少，最为经典和保存完好的属双溪古镇宋宅，还有漈头古宅。宋宅门窗装饰独一无二，基本都镶嵌在视线高度上，如连环画般展开，古今各种教化典故、唯美花卉、器皿、神兽及生活用具，一应俱全，刻画得纤毫毕见，是罕见的木质工艺精品。

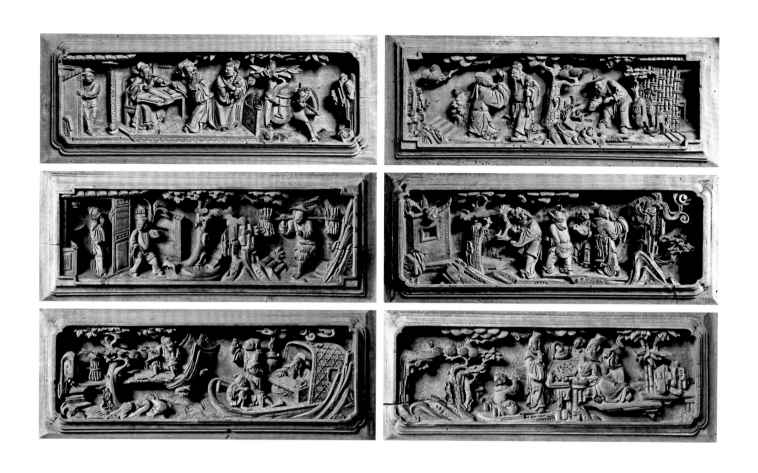

九、石造构件工艺

　　鹫峰山脉很多是石头山，屏南不缺优质石材。屏南民居除了大量使用夯土外，石造构件几乎家家户户都有：民居门面之一的门枕石、出入猫狗的石洞（另一侧仅做浮雕式对称假门洞）、房间进门处的踏步石（屏南特有）、清之后大量使用的柱础、石制门框以及匾额等。

门枕石

柱础

石门框

其他石造构件

附录

屏南县不可移动文物古建筑

级别	序号	名称	年代	地址
全国重点文物保护单位	1	漈下飞来庙	清咸丰十一年（1861年）	甘棠乡漈下村
	2	漈下城楼	明成化五年（1469年）	甘棠乡漈下村
	3	漈下甘氏宗祠	清嘉庆十五年（1810年）	甘棠乡漈下村
	4	漈下花桥	清康熙四十一年（1702年）	甘棠乡漈下村
	5	漈川桥	清光绪三十三年（1907年）	甘棠乡漈下村
	6	龙漈仙宫	明隆庆三年（1569年）	甘棠乡漈下村
	7	龙山公祠	明天顺年间（1457-1464年）	甘棠乡漈下村
	8	峙国亭	清康熙四十四年（1705年）	甘棠乡漈下村
	9	百祥桥	清光绪二十二（1896年）	寿山乡白洋村
	10	千乘桥	清嘉庆二十五年（1820年）	棠口镇棠口村北
	11	万安桥	清乾隆七年（1742年）	长桥镇长桥村东面长桥溪
省级文物保护单位	1	小梨洋甘国宝故居	明崇祯八年（1635年）	甘棠乡小梨洋村
	2	广福桥	元元统元年（1333年）	岭下乡开源村
	3	广利桥	明正统年间（1436-1449年）	岭下乡岭下村
	4	后龙古建筑群——张氏宗祠	清嘉庆六年（1801年）	屏城乡后龙村
	5	后龙古建筑群——龙津桥	清道光二十七年（1847年）	屏城乡后龙村
	6	后龙古建筑群——慧光寺	清	屏城乡后龙村
	7	后龙古建筑群——柏舟遗烈石牌坊	清道光十年（1830年）	屏城乡后龙村
	8	双溪文庙	清康熙二十五年（1686年）	双溪镇双溪社区
	9	屏南县城隍庙	清	双溪镇双溪社区
	10	漈头石牌坊群	清乾隆五十七年（1792年）	棠口镇漈头村
	11	九峰寺	明、清嘉庆二年（1797年）	熙岭乡三峰村
县级文物保护单位	1	花亭	清嘉庆十五年（1810年）	古峰镇长汾社区
	2	古厦花桥	清乾隆四十四年（1779年）	古峰镇古厦社区
	3	樟口桥	清咸丰五年（1855年）	黛溪镇樟源村岭尾店自然村
	4	北墘佛仔厝	清光绪七年（1881年）	黛溪镇北墘村
	5	惠风桥	民国三十年（1941年）	黛溪镇洋地村东北
	6	龙井桥	清嘉庆二十五年（1820年）	黛溪镇康里村
	7	巴地文昌阁	清	甘棠乡巴地村
	8	巴地厝桥	明正德十一年（1516年）	甘棠乡巴地村
	9	葛畲节孝坊	清	岭下乡葛畲村
	10	太府堂	清乾隆五年（1740年）	岭下乡岭下村
	11	女有士行石牌坊	清光绪元年（1875年）	路下乡芳院村
县级文物保护单位	12	彤管扬芳石牌坊	清同治四年（1865年）	路下乡门里村
	13	瑶池冰雪石牌坊	清光绪元年（1875年）	路下乡门里村
	14	路下攀龙宫	明万历元年（1573年）	路下乡路下村
	15	姑媳双芳石牌坊	清道光六年（1826年）	路下乡凤林村
	16	行同节士石牌坊	清道光十七年（1837年）	路下乡凤林村
	17	陆地迎风桥	清	屏城乡陆地村
	18	寿山苏氏宗祠	清康熙二十六年（1687年）、1996年	寿山乡寿山村
	19	前洋张氏宗祠	清光绪九年（1883年）	双溪镇前洋村
	20	禹溪境（车山公殿）	清	双溪镇北村村
	21	南安桥	清乾隆二年（1737年）	双溪镇双溪社区
	22	瑞光塔	清光绪十三年（1887年）	双溪镇双溪社区
	23	双溪陆氏宗祠	明正德二年（1507年）	双溪镇双溪社区
	24	劝农桥	清乾隆元年（1736年）	双溪镇双溪社区
	25	双溪薛氏宗祠	清嘉庆十三年（1808年）	双溪镇双溪社区
	26	蟠龙墓	清雍正十三年（1735年）	双溪镇双溪社区
	27	英节庙	清嘉庆二十三年（1818年）	双溪镇后峭村
	28	北村南厝门前炮楼	清道光年间	双溪镇北村村
	29	北村厝门里岗楼	清嘉庆年间	双溪镇北村村
	30	北村67号大队部	清道光年间	双溪镇北村村
	31	北村39号张成章翰林第	清乾隆后期（18世纪70年代）	双溪镇北村村
	32	北村北厝门里炮楼	清道光年间	双溪镇北村村
	33	坑口溪大王庙	清咸丰二年（1852年）	棠口镇西村村
	34	漈头慈音寺	清雍正年间（1723-1735年）	棠口镇漈头村
	35	金造桥	民国三十七年（1948年）	棠口镇漈头村
	36	清晏桥	清咸丰二年（1852年）	熙岭乡前塘村
	37	溪里桥	清	熙岭乡溪里村
	38	回村桥	清道光年间（1821-1850年）	熙岭乡龙潭村
	39	江夫人庙（江圣母庙）	清咸丰十一年（1861年）	长桥镇官洋村
	40	操凛冰霜石牌坊	清道光十年（1830年）	长桥镇柏源村

屏南县传统村落名单

中国历史文化名镇名村	甘棠乡漈下村	中国传统村落	屏城乡里汾溪村
	棠口镇漈头村		双溪镇前洋村
	双溪镇		岭下乡谢坑村
福建省历史文化名镇名村	双溪镇	福建省传统村落	屏城乡前汾溪村
	甘棠乡漈下村		屏城乡陆地村
	棠口镇漈头村		熙岭乡前塘村
	棠口镇棠口村		熙岭乡龙潭村
	熙岭乡前塘村		代溪镇康里村
	熙岭乡龙潭村		代溪镇忠洋村
	熙岭乡熙岭村		甘棠乡小梨洋村
	熙岭乡四坪村		双溪镇后峭村
	路下乡芳院村		岭下乡谢坑村
中国传统村落	双溪镇双溪社区		寿山乡降龙村
	长桥镇长桥村		岭下乡岭下村
	棠口镇棠口村		屏城乡里汾溪村
	棠口镇漈头村		双溪镇前洋村
	甘棠乡漈下村		熙岭乡熙岭村
	长桥镇柏源村		熙岭乡四坪村
	双溪镇北村村		熙岭乡墘头村
	寿山乡寿山村		甘棠乡王林村
	路下乡芳院村		甘棠乡巴地村
	屏城乡厦地村		熙岭乡三峰村
	屏城乡后龙村		代溪镇后章村
	黛溪镇北墘村	中国传统建筑文化旅游目的地	屏南县木拱廊桥
	寿山乡降龙村		甘棠乡漈下村
	岭下乡岭下村		棠口镇漈头村
	黛溪镇忠洋村		黛溪镇北墘村
	黛溪镇恩洋村		双溪古镇
	黛溪镇康里村		棠口镇棠口村
	熙岭乡前塘村		屏城乡厦地村
	路下乡罗沙洋村		

屏南县历史建筑名单

第一批（2017年）	长桥镇	长桥村屏南县人民政府旧址	第一批（2017年）	黛溪镇	北墘村吴积飘宅
		柏源村111号（苏宅）			北墘村彤云北起（吴积週宅）
		柏源村祠堂后100号（苏美月宅）			北墘村吴积露宅
		柏源村95号（苏金彭宅）			北墘文化活动中心（云汉为宅）
		官洋村江姑妈庙			忠洋村韦氏宗祠
		新桥村虎婆宫		古峰镇	屏南县政府大楼
		新桥村村尾九天法祖殿			屏南县政府社会事务处理中心
	黛溪镇	黛溪镇陈氏宗祠			屏南县政府3号楼
		黛溪镇镇政府大楼			屏南县政府礼堂

第一批（2017 年）	古峰镇	屏南县县委大楼
	甘棠乡	小梨洋村中心（甘氏祠堂）
		小梨洋村中心（凉亭）
		小梨洋村 45 号（甘代琳宅）
	岭下乡	富竹村 71 号（叶平阳宅）
		富竹村 40 号（孙朱清宅）
		葛畲村 72 号（苏久铭宅）
		葛畲村 101 号（苏必佑宅）
		葛畲村 41 号（苏久楠宅）
		葛畲村 100 号（陈秀声宅）
		谢坑村城门 3 号
	路下乡	路下村旧街 67 号（林扶舟宅）
		路下村旧街 63 号（林建欧宅）
		路下村恩公路 4 号（林世师宅）
		路下村恩殿
		芳院村大坵头 1 号（李福建宅）
		芳院村里弄厝 3 号（李振财宅）
		门里村 37 号（甘振智宅）
		门里村 38 号（甘氏宅）
		门里村 43 号（甘氏宅二）
	屏城乡	日月厅厝（张龙诏古宅）
		后龙村 69 号（张宗铭老宅）
		后龙村 77 号（张成租宅）
		后龙村 78 号（张宅）
		后龙村拓主殿
		后龙村慧光寺
		厦地村厦地路 43 号
		陈靖姑庙
		平水大王庙
	寿山乡	寿山村水尾大王碑
		寿山村 53 号（王鲸美宅）
		寿山村洋头角（苏享满老宅）
		寿山村 88 号（苏孝朋宅）
		寿山村 86 号（下马厅）
		寿山村协春泰茶行
		寿山村晋丰茶行
		寿山村苏维涵老宅
		寿山村苏寿崧老宅
		寿山村 54 号（苏享节宅）
	双溪镇	北村村北村路 33 号（张清霖宅）
		北村村北村路 38 号张本孟宅
	熙岭乡	熙岭乡 268 号（花厅）
		熙岭乡 302 号（张远带宅）
		前塘村（原教堂）

第一批（2017 年）	熙岭乡	前塘村（前塘村小学）
		前塘村（周美思宅）
		秀溪村（地主房）
第二批（2020 年）	屏城乡	里汾溪村电影院
		大碑村顺天圣母庙
		村头村徐氏宗祠
	甘棠乡	漈下村新风区 1 号
		漈下村新风区 53 号
		漈下村新风区 7 号
	路下乡	路下村太平巷 1 号
		路下村恩公路 5 号
		路下村恩公路 7 号
		路下村恩公路 8 号
		芳院村蓝灰厝
		芳院村炮台
		芳院村明厅厝
		罗沙洋村 43 号
	寿山乡	降龙村韩荣虎居
		寿山村 64 号
		寿山村 134 号
	黛溪镇	康里 38 号
		康里村 39 号
		康里村 66 号
		恩洋村张氏祠堂
	双溪镇	前洋村张久平宅
		前洋村张长富宅
	棠口镇	漈头村党风廉政教育基地
		漈头村五代同堂农耕博物馆
		漈头村南洋路 18 号
		漈头村上漈头张氏宗祠
		漈头村溪头张氏支祠
		漈头村凉亭路 28 号
		漈头村漈水路 25 号
		棠口村日月厅
		棠口村周天麟厝
		棠口村武魁厝
		棠口村解元厝
		棠口村文魁厝
第三批（2021 年）	岭下乡	谢坑村陆永润宅
		谢坑村陆盛建宅
	寿山乡	寿山村苏建武宅
		寿山村苏京城宅
		寿山村苏维邦宅

后 记

厚重的福建人文传统建筑

近期案头放着两位域外建筑学者在 1902 年系统整理的中国传统建筑丛书。一位是德国人恩斯特·伯施曼博士（Ernst Boerschmann，1873-1949 年），一位是"建筑巨人"日本学人伊东忠太先生（1867-1954 年）。他们不约而同，几乎同一年开始，分别多次较全面地实地考察了中国传统建筑，至今已过一百多年。令人惊讶的是，这两位资深建筑学者同时忽略了福建这个地域，尽管他们都去了其相邻的广东省与浙江省。可见，福建地域历史与地理"与世隔绝"的独特性。其中，最早特别关注民居的日本学者伊东忠太，百年前说出了值得我们当下深思的这段话："鄙人为中国建筑计，以为将来所取之针路，不在模仿外国，必须开拓自家独创之新建筑。独创之新建筑，如何可以出现？曰：以五千年来中国之国土与国民为背景而发达之样式为经，以应用日新月异之科学、材料构造设备等为纬；必于其间求得清新之建筑。此为目的，即中国古建筑之研究，亦为当务之急，不辩自明。温故知新，虽属老生常谈，实历久弥新之格言也。"此言非虚，箴言至今受用，当然，也远未达到解决当下传统与现代建筑的有效转化问题。在我们福建传统建筑系列丛书第四本《屏南传统建筑》出版之际，感念百年前这两位域外学者的开创行动与肺腑之言，特别是面对福建传统建筑遗产的特殊地位（在如考古般的福建丘陵地带慢节奏的历史断面中，可系统考察千百年来北方汉人人居时空之山水生态多样性建造基因），我们对此深有感触。

这本《屏南传统建筑》是我们从 2014 年以来研究、实践及观察的积累。当下能有这种系统性、抢救式的归纳分类，以图为主、图文并茂的成果，得益于屏南政府相关部门的热心帮助。在这里，特别感谢中共屏南县县委书记党帅书记、柳岳县长、李章通副县长在百忙中的亲自关心，屏南政协原主席周芬芳的热情相助，屏南县文创办张峥嵘主任的一路带领考察与协助，及屏南县住建局的信任与支持。此外，厦门大学戴志坚教授提供部分传统建筑测绘图纸，古建摄影家李玉祥先生提供了若干珍贵老照片，在拍摄考察过程中，也得到林正碌与程美信先生的热情接待与驻村介绍，在此一并感谢。

正如百年前热爱独树一帜的中国传统建筑文化的伯施曼博士与伊东忠太先生一样，我们深爱着这片土地所产生的完整独立体系之建筑文化。也正如伊东忠太百年前提出而至今未实现的夙愿，中国须产生自家独创的经纬交织之清新建筑文化，虽经过数代人的努力，目前仍任重道远。说到底，其根本的原因在于，我们可能尚未系统而深入地挖掘到中国传统人文建筑与当下生活哲学之深层源泉。我们在此所做的抢救式建筑图说梳理，希望在这个方向迈进一小步，以求共同进步，在正本清源工作方面，不倦地做些微薄的努力。

图书在版编目（CIP）数据

屏南传统建筑 / 黄汉民，范文昀，张峥嵘著 . —福州：
福建科学技术出版社，2023.2
ISBN 978-7-5335-6835-1

Ⅰ . ①屏… Ⅱ . ①黄… ②范… ③张… Ⅲ . ①古建筑 –
建筑艺术 – 研究 – 屏南县 Ⅳ . ① TU–092.957.4

中国版本图书馆 CIP 数据核字（2022）第 179929 号

主持　黄汉民
摄影　黄汉民　　范文昀　　张峥嵘
撰写　范文昀
调研　黄汉民　　范文昀　　张峥嵘
审定　黄汉民

书　　名　屏南传统建筑
著　　者　黄汉民　　范文昀　　张峥嵘
出版发行　福建科学技术出版社
社　　址　福州市东水路 76 号（邮编 350001）
网　　址　www.fjstp.com
经　　销　福建新华发行（集团）有限责任公司
印　　刷　中华商务联合印刷（广东）有限公司
开　　本　635 毫米 ×965 毫米　1/8
印　　张　56
字　　数　140 千字
插　　页　4
版　　次　2023 年 2 月第 1 版
印　　次　2023 年 2 月第 1 次印刷
书　　号　ISBN 978-7-5335-6835-1
定　　价　468.00 元
书中如有印装质量问题，可直接向本社调换